机场跑道系统动力学

凌建明　著

科学出版社

北京

内 容 简 介

本书系统阐述了机场跑道系统动力学理论及其在跑道设计与评价中的应用。本书共九章，主要内容包括机场跑道系统动力学的学术思想与基本原理，机场跑道系统动力学模型与求解方法、虚拟样机-有限元联合仿真方法，滑跑激振和着陆冲击作用下飞机-跑道的动力学响应及其实测、感知技术，机场跑道系统动力效应分析与表达，以及机场跑道系统动力学在道面结构设计和性能评价中的应用。

本书可供机场工程和飞机地面运动领域的相关科研人员、工程技术人员及高校师生参考使用。

图书在版编目（CIP）数据

机场跑道系统动力学 / 凌建明著. —北京：科学出版社，2023.3
ISBN 978-7-03-072904-0

Ⅰ. ①机… Ⅱ. ①凌… Ⅲ. ①飞机跑道-动力学 Ⅳ. ①V351.11

中国版本图书馆CIP数据核字（2022）第149743号

责任编辑：周　炜　罗　娟 / 责任校对：王萌萌
责任印制：师艳茹 / 封面设计：陈　敬

科 学 出 版 社 出版
北京东黄城根北街 16 号
邮政编码：100717
http://www.sciencep.com
中国科学院印刷厂 印刷
科学出版社发行　各地新华书店经销
*
2023 年 3 月第 一 版　开本：720×1000 1/16
2023 年 3 月第一次印刷　印张：14
字数：282 000
定价：118.00 元
（如有印装质量问题，我社负责调换）

前　言

　　机场跑道是飞机滑跑、起降等地面运动的结构平台，承受飞机荷载和环境因素的共同作用。传统的跑道结构设计与评价均以飞机-道面的静力学分析为基础，这对于飞机起落架构型简单、轴载较小、运行速度较低、跑道平整度良好的情况基本合理。而实际上，飞机滑跑、起飞、着陆、制动、转弯等地面运动的动力特征明显，特别是以 B777、A380、伊尔-76、运-20 等为代表的新一代大型飞机，滑跑速度快、重量大、胎压高、起落架多轴多轮，显著强化了对跑道结构的动力作用。同时，跑道不平整引起的激振效应加剧了高速滑跑中飞机的振动颠簸，这种颠簸反过来又导致跑道结构产生振动，增强动力结构响应，加速跑道结构损坏。作者研究团队对全国近 200 座机场的跑道调查测试表明，超 3/4 的机场在竣工投运后 10 年内出现水泥混凝土道面角隅断裂、断板，沥青道面开裂、轮辙等结构性损坏，跑道结构的平均寿命远小于设计寿命。这是传统静力学理论难以解释的，需要在构建机场跑道系统动力学理论的基础上开展研究和实践。

　　机场跑道系统是由跑道结构子系统、飞机子系统和环境子系统共同组成的道基-道面-荷载-环境整体大系统；机场跑道系统动力学涉及动力学组成、动力学作用、动力学模型与参数、动力学关键影响因素、动力学分析原理、系统动力效应及其表达等。

　　作者对机场跑道系统动力学的研究始于 1995 年，主要依托国家自然科学基金项目"软土地区民用机场场道地基设计理论与参数的研究"，研究飞机荷载作用下场道地基附加动应力、附加动应变等动力响应，提出了由道基动态回弹模量替代传统的静态回弹模量或反应模量，建立了飞机荷载作用下跑道软土地基动力变形的计算方法及控制标准。随后，在多项国家自然科学基金重点项目、面上项目的资助下，带领团队持续开展机场跑道系统动力学的研究：发展了飞机滑跑非平稳随机振动解析方法，建立并验证了 B777、A380、B747 等系列虚拟样机动力学模型，构建了道基-道面-飞机三维非线性动力有限元模型，开发了足尺加速加载试验等跑道动力响应测试技术，系统揭示并科学表征了跑道水泥道面、沥青道面和复合道面的动力学行为。同时，依托国家 863 计划，2012 年在上海浦东国际机场搭建了国内首个现场级机场跑道性状感知系统；2017 年在成都天府国际机场建设了全球首条机场智能跑道。不仅为机场跑道系统动力响应构建了现场感知的技术平台，更为系统动力学理论升级、方法优化提供了实际数据支撑。二十多年来相关成果已被跑道设计和评价等规范所采纳。

　　本书是对机场跑道系统动力学研究成果的总结和凝练。通过构建机场跑道系统动力学架构，提出统一表达方程与基本原理，研发跑道系统动力学的解析法、数值仿真法与现场感知方法，更加准确地揭示道基-道面-荷载-环境的相互作用机理、系统动力行为与破坏模式，为新一代跑道结构设计、性能评价、维护决策等提供更为科学的理论基础。

　　本书的主要成果由作者和所指导的部分研究生共同完成。内容撰写主要参考的学位论文包括：3.2 节、3.4.2 节、4.1 节、5.1～5.3 节、7.4.1 节、8.2.1 节及9.3 节参考了刘诗福(2019 年)的博士学位论文《飞机滑跑随机振动动力学响应及跑道平整度评价》；3.3.3 节和 6.4.2 节参考了闫启琨(2011 年)的硕士学位论文《复杂起落架荷载作用下沥青道面结构动态响应规律》；4.2 节参考了周正峰(2008 年)的博士学位论文《机场水泥混凝土道面接缝传荷能力研究》；5.4 节参考了岑业波(2020 年)的硕士学位论文《随机激励飞机荷载作用下的道基附加应力分布特征》；6.3 节和 9.2 节参考了朱立国(2017 年)的博士学位论文《基于大型飞机虚拟样机的刚性道面动力行为模拟与表达》；7.1 节参考了韦福禄(2020 年)的博士学位论文《机场复合道面沥青层动力响应与性能演变规律》；8.1.1 节和 9.1 节参考了刘东亮(2021 年)的硕士学位论文《随机激励飞机荷载作用下道基空间变形特征》。此外，刘诗福、李沛霖、侯天新、郭忠旭、张杰等协助完成了大量文字整理、图表绘制等工作，在此一并表示衷心的感谢。

　　限于作者水平，书中难免存在疏漏和不足之处，敬请广大读者批评指正。

凌建明

2022 年 6 月于上海

目　　录

第1章　机场跑道系统动力学导论

飞机滑跑、起降等地面运动的动力特征明显，且速度快、重量大、起落架构型复杂的新一代大型飞机进一步强化了对跑道的动力作用，进而产生传统静力学难以分析解释的跑道结构问题。因此，机场跑道系统动力学充分考虑机场跑道系统的动力学特征，将道基-道面-荷载-环境视为相互关联的整体大系统，以飞机轮胎-跑道道面相互作用和环境作用为纽带，综合考察不同跑道结构、不同飞机运动、不同环境条件下各子系统之间的动力相互作用和动力行为。系统动力学的研究方法主要包括理论模型解析、计算机数值仿真和现场实测感知等。

1.1　机场跑道系统及其动力学特征

跑道是支撑飞机起降、滑跑的基础平台，包括道基-道面整体结构，一般分为面层、基层、底基层、垫层和土基等结构层。跑道在服役期间，承受频繁的飞机荷载作用以及温度、湿度等环境的循环作用。因此，道基-道面-荷载-环境共同构成相互关联的整体大系统。

飞机在跑道上的运动行为包括起飞和降落两个阶段。在起飞阶段，包括以下动作。①转弯/掉头：由滑行道转向跑道准备起飞。②低速制动：飞机在跑道等待起飞时滑跑控制。③加速起飞滑跑：飞机在跑道上加速准备起飞。④中断起飞-高速制动：飞机由于未能获得足够的起飞速度，紧急制动。⑤起飞滑跑抬前轮：飞机即将脱离跑道，前轮抬起。在降落阶段，包括以下动作。①着陆接地冲击：飞机航行结束，由跑道着陆。②高速制动：飞机降落，滑跑降低速度。③低速滑跑：飞机在跑道上滑跑驶向滑行道。④转弯：飞机脱离跑道转向滑行道。显然，这些运动行为会不同程度地对跑道道面产生动力作用。

填料的湿化变形、飞机荷载作用导致的永久变形、道基的不均匀沉降以及道面错台、凹陷等病害都会引起跑道的不平整。大型飞机滑跑速度高达 360km/h，跑道不平整会对高速滑跑飞机产生激振效应，造成飞机振动颠簸。这种振动颠簸不仅影响乘客舒适性，加速飞机机械部件疲劳损伤，还影响飞行员对飞机的操纵，严重威胁飞行安全。同时，飞机的振动反过来又将增加对道面的冲击作用，加速跑道结构的动力破坏和不平整度劣化，缩短道面的服役寿命。

飞机荷载独特的运行行为和道面不平整特性决定了跑道动力学破坏问题，温度、湿度等环境的循环作用则加剧了这种动力破坏。由于热胀冷缩效应，道面会因温度差产生内应力，引起跑道道面的翘曲变形；湿度随大气降水和蒸发以及地下水位的变化而发生波动，道基和粒料层的模量也相应地出现循环变化。无论是温度内应力还是湿度造成的材料力学参数的变化，都会与飞机荷载动力作用产生叠加效应，进而加剧跑道结构的动力破坏。

1.2　机场跑道系统动力学的基本概念

1. 动力问题和静力问题

动力问题不同于静力问题主要体现在以下两个方面：①动载随着时间变化，需求出历程时间范围内的所有解，而静载只有一个解。②动力作用下结构会产生变化的加速度(大小或方向随着时间快速变化)，这些变化的加速度会形成与其方向相反的惯性力；同时，结构在运动过程中会发生能量耗散，变化的速度又产生与其相反的阻尼力。所以，整个结构所产生的内力不仅要抵抗动力作用，还要平衡惯性力和阻尼力。因此，动力问题的外因是随着时间变化的动载，内因是结构存在惯性力和阻尼力，并且以惯性力为主。

动力问题和静力问题最显著的差异在于结构是否能够抵抗惯性力。也就是说，如果惯性力为定值或为 0，整个动力问题就退化为静力问题，如下列三种情况。①加速度为 0：如飞机停在道口，这时荷载是静力的，其大小用重力来表征。②加速度值很小：加速度值很小导致惯性力可以忽略不计，这时动力问题与静力问题分析结果相差很小，如微风吹过整个跑道结构，整个跑道结构基本没有加速度，这时动力分析的意义不大。③加速度值比较大，但是变化很小，如飞机以恒定加速度爬升，这时惯性力其实是恒力。由此可见，若动载对结构的影响与静载相差甚微，这种情况仍然属于静力问题。

2. 动载与移动荷载

作用在结构上的荷载，常常按照结构的反应特点、荷载的作用位置进行分类。按照结构的反应特点可分为静载和动载两类。对于跑道结构，静载是使跑道结构产生的加速度可以忽略不计的荷载，如跑道自身的重力等。反之，动载是大小、方向或作用点随着时间变化很快的荷载，这里的快慢可以用是否产生显著的加速度来判断。显著与否的判断标准是运动加速度所引起的惯性力与荷载相比是否可以忽略，如地震作用、不平整激振作用和冲击作用。

按照荷载作用位置可分为固定荷载和移动荷载两类。固定荷载是指作用位置不变的荷载，如停在跑道等待区的飞机自身重力等；移动荷载是指可以在结构上自由移动的荷载，如起降飞机的胎压等。

　　因此，动力学中的动载与移动荷载不是同一个概念，动载既可以是移动荷载，也可以是固定荷载；移动荷载可能是静载，也可能是动载。

3. 动力作用与静力作用的区别

　　为了将动力作用与静力作用产生的区别进行直观比较，这里将跑道整体结构简化为具有质量 m、刚度 k 和阻尼 c 的单自由度系统，飞机荷载假设为单点作用 $p(t)$，此时跑道结构模型如图 1.1 所示。

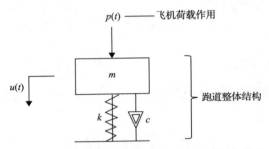

图 1.1　飞机荷载作用下的单自由度跑道结构模型

整个跑道结构的振动方程可用式 (1.1) 表示：

$$m\ddot{u} + c\dot{u} + ku = p(t) \tag{1.1}$$

跑道结构的频响函数为

$$H(\omega) = \frac{1}{k - m\omega^2 + \mathrm{i}\omega t} \tag{1.2}$$

当 $p(t)$ 为静载 p_0 作用 (图 1.2) 时，整个跑道系统表面的位移如式 (1.3) 所示：

$$u = \frac{p_0}{k} \tag{1.3}$$

当 p 为幅值 p_0、角频率为 ω 的简谐荷载时，$p = p_0 \sin(\omega t)$ (图 1.3)，此时整个跑道系统的位移如式 (1.4) 所示：

$$u = \frac{p_0}{k}\left[(1 - \beta^2)^2 + (2\xi\beta)^2\right]^{\frac{1}{2}} \tag{1.4}$$

式中，β 为荷载频率与系统固有自由振动频率之比；ξ 为系统的阻尼比。

$$\beta = \bar{\omega} / \omega \tag{1.5}$$

$$\xi = \frac{c\omega}{2m} \tag{1.6}$$

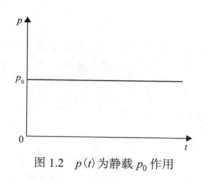

图 1.2　$p(t)$ 为静载 p_0 作用

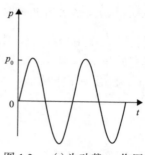

图 1.3　$p(t)$ 为动载 p_0 作用

那么动载与静载相比，造成跑道结构表面位移的放大系数 D 可表示为

$$D = \left[(1-\beta^2)^2 + (2\xi\beta)^2 \right]^{-\frac{1}{2}} \tag{1.7}$$

式 (1.7) 表明，尽管动载的最大值和静载相同，但是由于动载会造成结构系统存在惯性力，会导致结构系统的响应大不相同。当阻尼比 $\xi = 0.1$、频率比 β 取不同值时，放大系数 D 的变化曲线如图 1.4 所示，放大系数甚至可达到 5 倍。

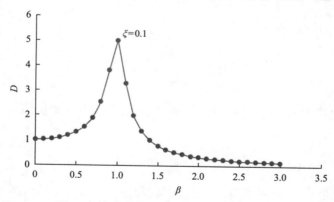

图 1.4　放大系数 D 随频率比 β 的变化曲线

通过以上分析发现，很小的静载只能产生很小的静位移，但如果变成动载，产生的动位移可能很大。结构在动载的作用下，因为惯性产生与静载不同的运动形式，这是动力学与静力学的最大区别。当然，实际上跑道动载形式不会是简谐荷载这么简单，跑道结构也不会是单自由度系统，但这个例子证明了跑道系统动力学分析的必要性和重要性。

4. 确定性动力作用与随机动力作用

如果动力作用随时间的变化规律是完全已知的，在时间轴上能通过特定的函数刻画出来，则称为确定性动力作用，它可以是强振动、脉冲和不规则振动。任何特定的结构体系在确定性动力作用下的反应分析即为确定性分析。与之相对，动力作用随时间的变化规律不是完全已知的，在动力分析之前是不可以预先确定的，但是可以从统计方面进行定义，如它的均值、方差、功率谱等，这种称为随机动力作用，它不能进行确定性描述，但是受概率统计规律所制约，常见的地震作用、风荷载、跑道不平整可视为具有随机性质的非确定性动力作用，相应的分析方法为非确定性分析方法。

在弹性结构体系中，位移是一个非常关键的中间变量，任意动载作用下结构的反应都可以用结构的位移来表示。因此，在确定性动力作用下，通过确定性分析可直接导出结构体系的位移-时间历程，进而能实现剪力、轴力、应力等分析。对于随机动力作用，通常提供有关位移的统计资料，通过非确定性分析实现对结构体系位移的统计输出。这时位移随时间的变化是不确定的，因此结构的应力、内力等还需借助特定的非确定性分析方法直接计算，而不是由位移计算。

5. 动力学模型与静力学模型

在建立模型的过程中，静力学和动力学考虑的重点是不一样的(图 1.5)，主要体现在以下两个方面：第一个方面是动力学参数方面。静力结构主要关心结构的刚度、约束、杆件尺寸、截面特性等；动力结构则更关心结构的质量、刚度、阻尼、约束、频率和振型等。以阻尼系数为例，如果是静力学分析，跑道结构的最大位移

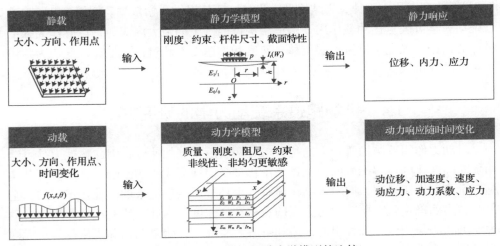

图 1.5　静力学模型和动力学模型的比较

只与刚度系数有关,而与阻尼系数没有关系[式(1.3)]。但是,在动力学分析中阻尼比的设置会使结果相差数倍[式(1.7)]。第二个方面是静力分析中非线性、非均匀效应不太敏感,而在动力分析中可能有显著差异的问题。非线性问题包括材料非线性(不满足完全弹性假设)、几何非线性(不满足小变形假设)、边界非线性(两个介质之间的接触非线性)。非均匀问题包括飞机复杂起落架的多轮叠加、道基不均匀支撑、板底局部脱空等。

1.3　机场跑道系统动力学的学术思想

机场跑道系统动力学的学术思想是将跑道结构的道基-道面系统、飞机系统、环境系统视为整体大系统,将轮胎-道面相互作用和环境作用作为连接的纽带,综合考察飞机不同运动行为、不同环境因素下整体大系统的动态运动规律与相互作用特性。系统动力学与传统静力学结果会产生显著差异,并且系统动力学更加接近机场跑道实际客观情况。

机场跑道系统动力学包括三个要素:动态激励输入、动力结构系统、动态响应输出。其中,道基-道面-飞机-环境整个系统的组成是动力的、作用是动力的、参数是动力的,分析方法也是动力学的。其内涵包括:①道基-道面是整体协同的结构,两者相互作用、相互影响。②飞机和跑道两个子系统的相互作用关系是动力学的核心。③飞机荷载作用是独特的,包括激振作用、冲击作用、升力作用。④环境因素是渗透的。温度、湿度影响跑道结构动力学参数,同时风对飞机有动力作用,地震波对跑道结构也有动力破坏作用。

机场跑道系统动力学旨在揭示机场跑道系统在动力作用(包括环境作用、荷载作用)下的动态响应规律,为结构动力设计、评价提供科学依据。例如,机场跑道系统动力学可确定在动载作用下跑道结构可能产生的最大内应力,以此作为强度设计的依据;确定飞机振动、位移、速度和加速度不超过许可值,以此作为跑道平整度的评价依据。

1.4　机场跑道系统动力学的研究方法

对动力作用下结构所产生的位移求导两次后得到加速度,因此惯性力是由结构随时间变化的位移产生的,反过来位移又受惯性力大小的影响,这个循环其实是一个相互作用过程;同时,结构体系各个部分所表现出来的位移是不同的,全部惯性力的确定就需要明确每个点的位移和加速度。因此,研究机场跑道系统动力学的核心是偏微分方程组的描述和解答。实际上,跑道结构和飞机都具有无限自由度,将无限自由度问题转化为有限自由度的过程就是结构离散化。对结构进行合理的离散化也是动力学问题求解过程中的必要步骤。

如果动力系统是线性系统，那么整个动力方程组都是线性的，方程中只有各状态变量和各阶导数的线性项，其解可服从叠加原理。但客观情况是，机场跑道系统大多数都是非线性的，如飞机的起落架、跑道结构的阻尼等，非线性方程的解析解求解难度较大，计算机的发展催生了数值仿真方法。此外，随着传感器技术的成熟，在跑道结构内部布设感知元器件来直接实测加速度、动应变等物理量成为趋势。因此，机场跑道系统动力学的研究方法主要包括理论模型解析、计算机数值仿真和现场实测与感知三种方法。

1. 理论模型解析

将动力学问题物理建模后，通过力学平衡方程与数学分析方法推导动力学响应解析解的过程称为解析法。一般包括实际情况的模拟、建立结构动力控制方程组、求出闭合的函数解三个步骤。数学分析方法包括微分、积分、特殊方程等，解析解一般以分式、三角函数、指数、对数甚至无限级数等函数形式来表示。

2. 计算机数值仿真

具有超多自由度的复杂动力学系统难以从理论上求得解析解，通过计算机进行数值仿真成为有效的措施。计算机数值仿真是借助有限元、数值逼近、插值等方法进行求解的研究手段。常用于飞机、跑道动力响应求解的仿真计算软件包括ProFAA、APRAS、FAARFIELD、ADAMS 和 ABAQUS 等。

3. 现场实测与感知

在结构内部布设感知元器件，如加速度计、应变计、振动光纤等，能够实测结构加速度、动应变等物理量，在足尺加速加载试验、落锤式弯沉仪（falling weight deflectometer, FWD）试验中可直接感知结构的动力响应。目前，以传感器、物联网和系统平台为核心的智能跑道技术成为建设智慧机场的亮点，可实现全时感知实际飞机荷载和环境作用下结构的动力响应，为机场跑道系统动力学研究提供有力支撑。

值得说明的是，上述三种方法并不是完全割裂的三条途径，在机场跑道系统动力学研究中可以有机配合，发挥出各自的特长。例如，早期简化的力学模型无法考虑复杂的边界情况，可能只适用于部分场景（飞机尺寸小、跑道较为平整等）。考虑到新一代大型飞机起落架构型复杂及高速滑跑等特征，需要借助计算机仿真方法获取复杂结构系统的动力响应，数值结果可以进一步优化原来的力学模型。智能跑道现场感知技术获取了海量、真实的源数据，基于这些数据所发展的数据驱动方法可以与力学模型有机融合，以完善、完备机场跑道系统动力学，进而更科学合理地指导机场跑道结构设计、性能评价与养护决策。

第2章 机场跑道系统动力学的基本原理

机场跑道系统动力学研究的是由跑道结构子系统、飞机子系统和环境子系统组成的道基-道面-飞机-环境动力学相互作用系统。机场跑道系统动力学的作用主要包括飞机动态荷载作用和环境因素两个方面。相比于传统静力学，机场跑道系统动力学分析增加了包括结构质量、动态模量和阻尼等关键动力学参数，以及在静力学分析中不显著但在动力学分析中敏感的非线性、非均匀等关键影响因素。

2.1 机场跑道系统的动力学组成

机场跑道系统的动力学组成包括跑道结构(道基-道面)子系统、飞机子系统和环境子系统，三大子系统共同构成道基-道面-飞机-环境动力学相互作用系统，如图 2.1 所示。

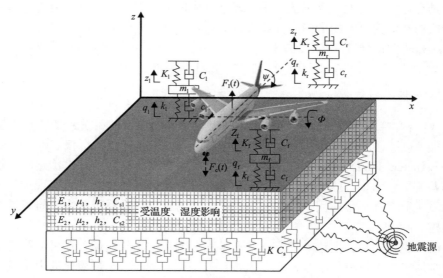

图 2.1 道基-道面-飞机-环境全要素系统动力学模型

2.1.1 跑道结构子系统

1. 道基-道面一体化

现有多数研究只考虑了道面与飞机的相互作用，而忽略了道基本身。实际上，道基是道面的支撑结构物，道基在跑道结构子系统中具有非常重要的作用。

道基的不均匀变形对道面使用性能的影响不可忽略。以刚性道面为例，水泥混凝土为脆性材料，对道基变形的适应能力较差，道基不均匀沉降过大时，混凝土面层难以跟随变形而与下部结构层脱空，混凝土板将呈现简支或悬臂结构的受力状态，面层应力剧增，严重影响道面的使用寿命。除此之外，不均匀变形引起道面纵、横坡度的变化，将影响道面结构内部及表面排水设施的排水能力；所引起的道面不平整会影响飞机的正常运行；不均匀沉降所引起的道面倾斜会造成道面接缝的破损。因此，除考虑道基的强度因素外，有必要面向道面使用性能控制道基变形，这对于在软土地基上修筑机场尤为重要。

对此，本书在跑道结构子系统中将道基-道面一体化考虑，在跑道系统动力学分析时着重考虑道基-道面的整体效应。

2. 典型跑道结构

沥青混凝土道面和水泥混凝土道面是国际上最主要的机场道面结构类型。目前，我国水泥混凝土道面占比约 90%，而沥青混凝土道面在欧美机场建设中应用较为广泛，占比约 62%。新建的道面结构层一般包含面层、基层、底基层、垫层和土基等。基层和底基层一般采用沥青混凝土、沥青稳定碎石、素混凝土、无机结合料稳定类材料和级配碎(砾)石等修筑；垫层一般采用级配碎(砾)石修筑；道基包括压实土和原状土。

沥青混凝土道面的面层大多采用一定级配的沥青混凝土(图 2.2)，具有平整、抗滑、舒适等优良的表面使用性能，以及可以机械化施工、施工工期短、养护方便等优点。按照基层材料的不同，沥青混凝土道面可分为柔性道面(基层为沥青稳定类或粒料类)和半刚性道面(基层为无机结合料稳定类)。

水泥混凝土道面结构的各个组成部分如图 2.3 所示，对于实现道面使用性能

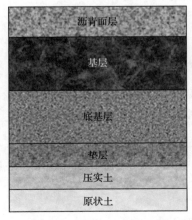

图 2.2　典型沥青混凝土跑道结构层

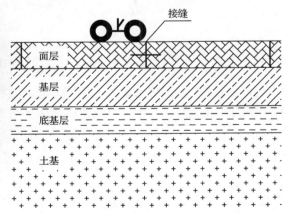

图 2.3　典型水泥混凝土跑道道面结构层

要求和保证预定使用寿命，分别承担不同的任务，发挥不同的作用。混凝土面层是支承行车荷载的主体，刚度大，板体性强，具有良好的扩散荷载能力等优点，但同时由于混凝土是刚度大的脆性材料，对于土基或基层变形的适应性较差，因此混凝土面层要求土基和基层给予均匀而稳定的支承。

3. 跑道结构子系统动力学组成描述

道基-道面子系统受荷载和环境的动力作用，将其一体化考虑后，相应的动力学方程描述为

$$M_r \ddot{Y}_r(t) + C_r \dot{Y}_r(t) + K_r Y_r(t) = F_c(t) + F_e(t) \tag{2.1}$$

式中，下标 r 代表 runway，即跑道，M_r、C_r、K_r 分别为跑道（道基-道面整体）的广义质量矩阵、阻尼矩阵和刚度矩阵；Y_r、$\dot{Y}_r$、$\ddot{Y}_r$ 分别为跑道系统的广义位移矢量、广义速度矢量、广义加速度矢量；字母 F 代表力，下标 c 代表相互作用（contact），表示飞机与跑道道面的实际接触力；下标 e 代表 environment，即环境，表示环境作用。

2.1.2　飞机子系统

在机场跑道系统动力学中，飞机子系统主要关注机身、前起落架、前机轮、主起落架、主机轮模块，同时飞机动力响应也影响乘客和机组的舒适性。因此，飞机子系统动力学组成主要包含轮胎、起落架、机身等，如图2.4所示。

图 2.4　飞机子系统组成

我国常用民航客机机型大小不同、起落架构型不同，轮胎的数量、组合方式和间距的差别很大。其中，主起落架轮距分布范围为 4.99～17.30m，见表 2.1。

表 2.1　常用民航客机数量及轮距分布

型号	数量/架	机型	主起落架轮距/m	型号	数量/架	机型	主起落架轮距/m
B737-800	971	C	6.40	B747-400F	11	E	12.40
A320-200	712	C	8.70	B757-200	10	D	8.70

续表

型号	数量/架	机型	主起落架轮距/m	型号	数量/架	机型	主起落架轮距/m
A321-200	271	C	9.00	B777-200	10	E	12.80
A319-100	179	C	8.93	E195	8	C	14.50
B737-700	166	C	7.00	B747-8	6	F	12.70
A330-200	100	E	12.00	B737-900	5	C	7.00
A330-300	85	E	12.00	B767-300ER	5	D	10.90
E190	82	C	7.00	A380-800	5	F	14.30
B737-300F	49	C	6.40	B767-300	4	D	10.90
B777-300ER	49	E	12.80	B767-300F	4	D	10.90
B777F	26	E	12.90	B737-300	3	C	6.40
B787-8	26	E	11.60	B737-900ER	3	C	7.00
CRJ-900	26	E	17.30	B747-400	3	E	12.40
B757-200F	23	D	8.70	A300F-600R	3	D	10.90
MA60	21	C	7.40	A320neo	2	C	8.70
ERJ145	17	B	4.10	ARJ21	2	C	16.80
B787-9	16	E	11.60	CRJ-700	2	B	4.99
B737-400F	14	C	6.40	B747-200F	1	E	12.40

对于飞机子系统，它除受到重力和升力作用外，还有跑道给飞机轮胎的接触力作用(与跑道受到的接触力是相反力)。相应的动力学方程描述如式(2.2)所示。

$$M_a\ddot{Y}_a(t) + C_a\dot{Y}_a(t) + K_aY_a(t) = F_c(t) - F_g + F_l(t) \qquad (2.2)$$

下标 a 代表飞机(aircraft)；M_a、C_a、K_a 分别为飞机系统的质量矩阵、阻尼和刚度矩阵；Y_a、$\dot{Y}_a$、$\ddot{Y}_a$ 分别为飞机系统的广义位移矢量、广义速度矢量、广义加速度矢量；字母 F 代表力(force)；下标 c 代表相互作用(contact)，表示飞机与跑道道面的实际接触力；下标 g 代表重力(gravity)；下标 l 代表升力(lift)。

2.1.3　环境子系统

自然环境包括风、雨、温度、地震等，对于机场跑道系统动力学，主要关注湿度、温度、风和地震对其的影响，如图 2.5 所示。湿度、温度可产生内应力，进而改变道基-道面的结构内部参数；风主要对飞机空气动力学影响较大，如风的大小和方向直接影响飞机的升力，进而影响飞机的起飞、着陆、滑跑等运行姿态。跑道作为土基上的带状结构物，地震灾害将对跑道结构产生破坏。

图 2.5　机场跑道系统受环境的影响

1. 湿度影响

在达到平衡湿度之前，道基和粒料层的回弹模量与其湿度紧密相关。湿度随大气降水和蒸发以及地下水位的变化而发生波动，因而道基和粒料层的模量也相应地出现变化。Ksaibati 等[1]对美国佛罗里达州 5 条新建公路试验段的粒料基层和路基的含水率进行了连续 5 年的观测，并应用落锤式弯沉仪进行了弯沉测定和模量反算，结果见表 2.2。从表中可以明显地看出，粒料基层和路基的反算模量随含水率增加而减小。各试验段粒料基层的含水率变化范围为 9.40%～20.50%，模量的下降比例范围为 13.8%～96.3%；路基的含水率变化范围为 7.50%～20.30%，模量下降比例范围为 21.8%～53.6%。可见，湿度对粒料层和路基模量的影响相当显著，在机场跑道系统动力学中应合理地考虑湿度状况对其模量的影响。

表 2.2　粒料基层和路基含水率及模量的变化[1]

粒料基层		路基	
含水率变化/%	模量下降比例/%	含水率变化/%	模量下降比例/%
14.75～18.25	91.0	7.50～18.50	36.9
12.00～20.50	96.3	11.00～20.30	22.2
13.20～14.10	26.5	15.20～18.60	21.8
13.20～17.30	13.8	11.60～18.50	53.6
9.40～15.60	43.7	8.90～16.40	23.6

2. 温度影响

由于热胀冷缩效应，刚性道面会因温度差产生内应力，使跑道发生翘曲变形，如图 2.6 所示。对于沥青道面，沥青混合料的模量、强度等性质具有显著的温度依赖性，沥青层内的温度随时间发生着周期性变化，其模量和强度也相应地发生变化。图 2.7 显示了路面结构内 9cm 深度处沥青混合料日平均动态模量和日平均温度随时间的变化[2,3]。结果显示，沥青混合料动态模量呈现出明显的季节性变化，随着深度增加变化的幅度逐渐减小。在距离路表 2.5cm 处，冬季与夏季的日平均动态模量比值为 14.3，而在距离路表 33cm 处，该比值为 5。因此，为了更客观地分析跑道结构动力学行为特性，需要考虑结构力学性质随温度的变化。

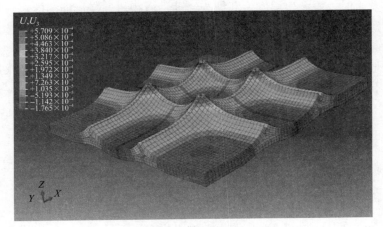

图 2.6　温度差导致刚性道面发生翘曲变形

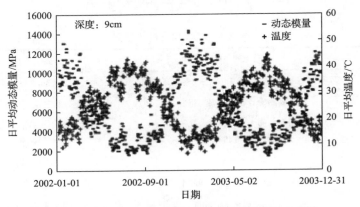

图 2.7　沥青混合料动态模量和温度随时间的变化[2]

3. 风的影响

　　风对飞机起降的影响属于飞机空气动力学的范畴，在本书机场跑道系统动力学研究中只考虑风对飞机升力的影响。如式 (2.3) 所示，飞机升力与速度 v 的平方呈正比关系，风速与飞机实际对地滑跑速度的矢量差共同影响式 (2.3) 中的 v。

$$F_1(t) = \frac{1}{2}\rho v^2 S C_1 \tag{2.3}$$

式中，ρ 为空气密度；v 为飞机滑跑相对空气的速度；S 为机翼面积；C_1 为气动力系数。

4. 地震的影响

地震发生时，震源岩层发生断裂与错动，所积累的变形能突然释放后以波的形式从震源向四周传播。当地震烈度较高、跑道距离地震中心较近时，地震的强振动会引起跑道结构断裂。此外，当地基浅层存在可液化土层时，尽管地震强度不高，但地基易发生液化，其抗剪强度骤然下降至 0，产生超静孔隙水压力，从而丧失承载力。

2.2　机场跑道系统动力学作用

机场跑道系统动力学作用主要包括飞机荷载作用和环境作用。

2.2.1　飞机荷载作用

相比于公路上行驶的汽车，跑道上的飞机在平面尺寸、结构组成、质量、运动状态、运动速度、缓冲类型上具有较大的差异(表 2.3)。

表 2.3　汽车和飞机的差异

项目	跑道上的飞机	公路上的汽车
平面尺寸	B777 翼展达 64.8m、长 69.8m、主起落架宽 12.8m	轴距不超过 3m、轮距不超过 2m
结构组成	由机翼、机身和起落架等组成	由数量不等的车轮、悬吊系统等组成
质量与其分配	飞机质量远远大于汽车，主起落架分配系数可达 95%	汽车质量较小，后轴的分配系数为 50%左右
转动惯量	远大于汽车	远小于飞机
运动状态	滑跑、转弯、制动、着陆冲击	加减速行驶、转弯、静止
运动速度	滑跑速度可达 360km/h	行驶速度最高 120km/h
缓冲类型	起落架缓冲	悬架缓冲
其他	运动时将受到升力作用	运动时无升力作用

跑道上起降滑跑的飞机的主要运动状态包括滑跑、转弯、制动和着陆冲击等。这些运动状态除受到升力作用外，还具有表 2.4 所示的行为特征。

飞机轮胎接触跑道表面至驶离跑道的整个着陆过程中，轮胎与道面的接触力变化示意图如图 2.8 所示。飞机在着陆接地阶段，轮胎受到跑道给予的冲击力后，轮胎径向力逐渐增大并达到第一个最大值。当轮胎的变形达到最大时，轮胎开始

表 2.4　不同运动状态下飞机的行为特征

运动状态	飞机行为特征
滑跑	速度分布为 0～360km/h，受到跑道不平整起伏的激振作用，对道面产生竖向动载
转弯	速度为 90～120km/h，转弯过程中轮胎产生侧向力，具有明显的偏载现象
制动	对道面产生纵向荷载，可达最大起飞重量时竖向荷载的 30%～45%
着陆冲击	对道面产生冲击作用，并随着着陆下沉速度增加，着陆冲击荷载增大

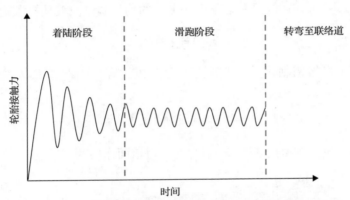

图 2.8　不同阶段飞机轮胎与道面的接触力分布示意图

回弹，冲击荷载逐步减小。而当轮胎回弹到一定程度后，再次被起落架主体及跑道压缩，产生第二个冲击荷载，达到第二个最大值。此后，飞机轮胎变形呈现阻尼振动的特性，最终趋于稳定。接着，滑跑阶段的飞机受到跑道表面不平整的激励后产生随机振动，这种振动导致轮胎接触力呈现随机振荡。无论是着陆阶段的冲击作用还是滑跑阶段的激振作用，它们反过来都会增加道面的变形，这种变形会进一步加剧飞机的振动，因此飞机与跑道形成了相互作用的系统。

在机场跑道系统动力学中，用 $F_c(t)$ 统一表示荷载作用，那么对于着陆阶段的冲击作用可用式 (2.4) 表示：

$$F_c(t) = (1 + C_\delta \dot{\delta}) C \delta^n \tag{2.4}$$

式中，δ 和 $\dot{\delta}$ 分别为轮胎压缩量和轮胎压缩速率；C 为轮胎垂直变形系数；C_δ 为轮胎复合垂直阻尼系数，一般可取为 0.04s/m；n 为轮胎垂直 (非线性) 变形指数。冲击作用是一种确定性作用，其冲击荷载的幅值在很短时间内急剧增大或减小。

对于滑跑阶段的激振作用，主要和跑道不平整起伏相关，可用式 (2.5) 表示。

$$F_c(t) = C_T \dot{q}(t) + K_T q(t) \tag{2.5}$$

式中，C_T 为轮胎垂直振动当量阻尼系数；K_T 为轮胎垂直振动当量刚度系数；$q(t)$ 为不平整激励下飞机轮胎相对于跑道表面的竖向位移，实际情况下是一种随机不平整。

2.2.2　环境作用

机场跑道受到的环境作用主要是指地震作用。地震力是研究地震时地面运动对跑道产生的动态效应（图 2.9），地面的运动可用强震仪以加速度时程曲线的形式记录下来。地震波具有很强的随机性，常采用加速度 $\ddot{x}(t)$ 描述地震作用。地震对道面的作用 $\ddot{x}_g(t)$ 可描述为只考虑强度非平稳的均匀调制演变随机激励模型[4]：

$$\ddot{x}_g(t) = g(t)\ddot{x}(t) \tag{2.6}$$

式中，$g(t)$ 为均匀调制函数；$\ddot{x}(t)$ 为平稳随机过程。因此，$F_e(t)$ 为环境作用，则有

$$F_e(t) = M_r\ddot{x}_g(t) \tag{2.7}$$

式中，M_r 为跑道结构的质量；$\ddot{x}_g(t)$ 为地震对道面作用的加速度。

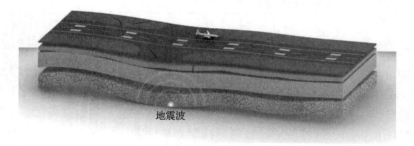

地震波

图 2.9　地震波对机场跑道的作用

2.3　机场跑道系统动力学参数

由图 1.5 可知，相比于传统静力学，机场跑道系统动力学增加了动力学关键参数，包括结构质量、动态模量和阻尼参数。

1. 结构质量

因为不涉及惯性力，在静力学中不需要考虑质量，但在动力学分析中必须考虑各个子系统的质量分布。对于跑道结构子系统，它一般由水泥混凝土材料或水泥稳定材料构筑，其密度一般变化较小，因此在分析过程中常常用密度这个物理量进行表征。对于飞机子系统，主要需考虑轮胎、起落架和机身等模块的质量。

2. 动态模量

同一材料对静载和动载的力学响应不同，因而在力学计算中材料存在动态模量和静态模量，且在数值上相差较大。在动力学研究中，跑道面层、基层和土基材料的力学特性采用动态模量表征。动态模量受荷载级位、加载频率和温度等因素的影响。

3. 结构阻尼参数

阻尼是引起结构能量的耗散、使结构振幅逐渐变小的一种作用，因此阻尼在静力学中可以忽略，但是动力学中必须考虑。物理机制包括固体材料变形时的内摩擦、材料快速应变引起的热耗散、结构连接部位的摩擦等。阻尼类型包括黏性阻尼、摩擦阻尼和滞变阻尼，常用的黏性阻尼可表示为阻尼系数与运动速度的乘积。阻尼系数一般通过结构振动原型试验得到，它反映了多种能耗因素的综合影响。本书中涉及的阻尼系数包括道面结构层的阻尼、飞机起落架的阻尼和飞机轮胎的阻尼等。

4. 飞机起落架和轮胎阻尼参数

对于飞机子系统，阻尼包括起落架缓冲器的阻尼和轮胎的阻尼。缓冲器阻尼又包括油液阻尼力和摩擦力，油液阻尼力的计算公式为

$$F_{\text{oil}} = C_0 \cdot \dot{S} \, | \dot{S} | \tag{2.8}$$

式中，C_0 为阻尼参数；$\dot{S}$ 为缓冲器行程。

摩擦力由两部分组成，分别是缓冲支柱弯曲在上下支撑点产生的库仑摩擦力 F_{f1} 和皮碗摩擦力 F_{f2}，可分别按式(2.9)和式(2.10)计算：

$$F_{\text{f1}} = \mu_{\text{b}} \left(|N_{\text{u}}| + |N_{\text{l}}| \right) \frac{\dot{S}}{|\dot{S}|} \tag{2.9}$$

$$F_{\text{f2}} = \mu_{\text{m}} F_{\text{air}} \frac{\dot{S}}{|\dot{S}|} \tag{2.10}$$

式中，F_{air} 为空气弹簧力；μ_{b}、μ_{m} 为摩擦系数；N_{u}、N_{l} 分别为缓冲支柱上下支撑点处产生的正压力。

轮胎的阻尼主要来源于其橡胶材料，飞机轮胎属于黏弹性体，应变滞后于应力，形变时能量会转化为热能扩散，产生阻尼作用。橡胶的阻尼特性可由剪切模量、损耗因子等参数来反映。轮胎的应力-应变关系可以通过多种模型描述，如Kelvin 模型、Maxwell 模型、标准线性固体模型等。

2.4   机场跑道系统动力学关键影响因素

除动力学关键参数外，机场跑道系统动力学还包含静力分析不显著但在动力学中敏感的非线性、非均匀等关键影响因素。

2.4.1   非线性因素

1. 材料的非线性

传统静力学一般以弹性层状体系为理论基础，其假设各结构层材料都是线弹性的。这种假设忽略了道面材料的塑性、黏性、黏弹性等特点，无法考虑温度等环境因素的影响，但这些因素在机场跑道系统动力学中可产生较大的差异。以沥青混凝土跑道为例，沥青道面是一种多层的结构体系，道面的材料包括沥青混凝土、无机结合料稳定材料、水泥稳定材料、碎石、土等。这些材料会表现出不同的应力-应变特性，如沥青混凝土的黏弹性、土和粒料的弹塑性等。目前，用于描述沥青类材料的黏弹性模型大部分为三参数固体模型，如图 2.10 所示。该模型是一个 Kelvin 模型和弹性元件串联成的三元件模型。它既能很好地表达瞬时弹性效应，也能很好地反映蠕变规律及弹性后效特性。

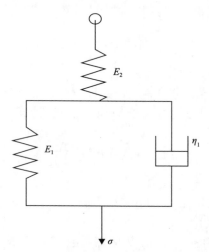

图 2.10   三参数固体模型示意图

三参数固体模型的本构关系为

$$(E_1 + E_2)\sigma + \eta_1\sigma = E_1 E_2 \varepsilon + \eta_1 E_2 \tag{2.11}$$

式中，E_1、E_2、η_1 为模型参数；σ 为模型总应力；ε 为模型总应变。

　　起落架的非线性问题来源于起落架缓冲器空气弹簧，以及轮胎静压荷载与竖向压缩量间的非线性关系。起落架缓冲器空气弹簧力曲线如图 2.11 所示。空气弹簧力仅在压缩量较小时满足线性关系，而当压缩量超过某一阈值时，不同机型起落架缓冲器空气弹簧力均大幅升高，呈现明显的非线性关系。

　　轮胎的非线性主要来源于轮胎的尺寸外形、材料特性，竖向力和压缩量也呈现非线性关系，如图 2.12 所示。

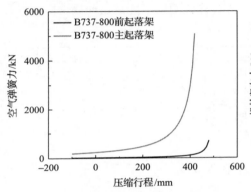

图 2.11　起落架缓冲器空气弹簧力的非线性曲线　　图 2.12　机轮竖向力的非线性曲线

2. 几何非线性

　　结构承受较小的荷载时，引起的几何截面变化量相对很小，所以可以近似地假设截面不变，按照线性状态进行考虑，如图 2.13 所示。但是，当结构发生了很大的变形时，其几何截面发生了明显的变化，结构刚度也与初始状态不再相同，变形不再呈比例关系，表现出非线性特性，如图 2.14 所示。在机场跑道系统动力学中，若跑道结构受到地震影响可能会产生非常大的变形，此时表现出几何非线性。

变形不大时
横截面近似不变

图 2.13　小变形可看作几何线性

变形较大时
横截面变化明显

图 2.14　大变形下的几何非线性

2.4.2　非均匀因素

1. 道基不均匀支撑

软弱地基的不均匀沉降、填挖交替或新老填土交替、季节性冰冻地区的不均匀冻胀、填土因压实不足而引起的压密变形、受湿度变化影响而产生的膨胀收缩变形等，都会导致道基产生不均匀支撑。当道基的不均匀变形过大时，基层将呈现简支或悬臂结构的不利受力状态，如图 2.15 所示。在动载反复作用下，基层的疲劳寿命将缩短，致使相关病害发生，并最终导致面层不能满足使用性能要求。

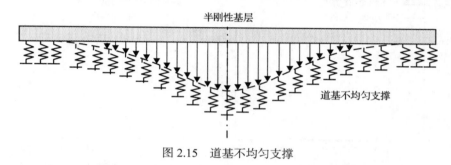

半刚性基层

道基不均匀支撑

图 2.15　道基不均匀支撑

2. 面层与基层之间接触的非均匀性

面层-基层的接触问题是一种典型的与状态相关的非均匀行为。接触状态可以是完全黏结、完全光滑或部分黏结。当为完全光滑或部分黏结时，面层和基层在界面处往往会发生滑移或张开等位移不连续现象。接触状态和接触区域会随荷载、边界条件变化等而发生变化，并且在接触界面上同时存在法向应力(接触压力)和切向应力(摩擦应力)。在冲击作用和激振作用下，本书主要考虑法向应力的不均匀性。

基层和面层之间接触的非均匀脱空区域形成了类似于悬臂板的结构，在静力作用下脱空区域产生一定的弯沉：在沿着远离接缝的方向上，板的弯沉逐渐变小，基层顶面受到的压力也逐渐变小，如图 2.16 所示。实际上，在动载作用下面板产生了动态变形，在这种变形条件下部分接触损失的区域又重新发生了接触，如图 2.17 所示，即这部分脱空区域的接触状态发生了改变。考虑动载反复作用下动态接触脱空模型将更符合实际情况，这种情况是唧泥型脱空产生的重要原因。

3. 复杂起落架多轮荷载叠加的非均匀性

随着新一代大型客机投入运营，单轴双轮式起落架逐渐发展到多轴小车式复杂起落架。复杂起落架的轮胎数量增多，将导致道面应力、应变或位移较单轮荷载作用下增大或减小，如图 2.18 所示，即多轮叠加呈现非均匀效应。在动力作用下，这种多轮叠加的非均匀效果会比静力作用更为显著。

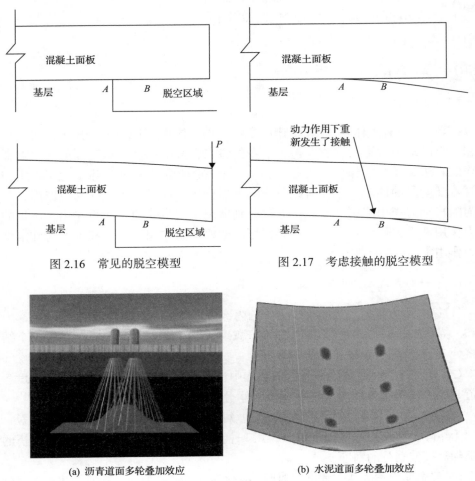

图 2.16　常见的脱空模型　　　　图 2.17　考虑接触的脱空模型

(a) 沥青道面多轮叠加效应　　　　(b) 水泥道面多轮叠加效应

图 2.18　多轮叠加效应示意图

2.5　机场跑道系统动力学分析原理

在机场跑道系统动力学组成、动力学作用和动力学参数的基础上，提出机场跑道系统动力学统一描述的方程组，如式 (2.12) 所示。

$$
\begin{cases}
\begin{bmatrix} M_a & 0 \\ 0 & M_r \end{bmatrix}\begin{bmatrix} \ddot{Y}_a(t) \\ \ddot{Y}_r(t) \end{bmatrix} + \begin{bmatrix} C_a & 0 \\ 0 & C_r \end{bmatrix}\begin{bmatrix} \dot{Y}_a(t) \\ \dot{Y}_r(t) \end{bmatrix} + \begin{bmatrix} K_a & 0 \\ 0 & K_r \end{bmatrix}\begin{bmatrix} Y_a(t) \\ Y_r(t) \end{bmatrix} = \begin{bmatrix} F_c(t) - F_g + F_1(t) \\ -F_c(t) + F_e(t) \end{bmatrix} \\[4mm]
F_c(t) = \begin{cases} (1 + C_\delta \dot{\delta})C\delta^n, & \text{着陆阶段的冲击作用} \\ C_T \dot{q}(t) + K_T q(t), & \text{滑跑阶段的激振作用} \end{cases} \\[4mm]
F_e(t) = M_r \ddot{x}_g(t), & \text{地震作用;} \\[2mm]
F_1(t) = \dfrac{1}{2}\rho v^2 S C_1, & \text{升力作用;} \\[3mm]
F_g = M_a g, & \text{重力作用}
\end{cases} \tag{2.12}
$$

式中，第一个方程主体就是跑道结构(道基-道面一体化)和飞机，等式的左边是跑道和飞机的动力学参数，它既包含自身的特点，又受温度和湿度环境的影响；等式的右边是动力学作用力的集合。第二个方程非常直观地描述了荷载作用，包含着陆阶段的冲击作用和滑跑阶段的激振作用，前者为确定性动力作用，后者为随机动力作用。第三～五个方程分别体现了跑道受地震环境作用、飞机的升力作用和重力作用，其中，地震作用为随机动力作用，升力和重力为确定性动力作用。

1. 统一的系统动力学表达方程组内涵

(1)第一个方程的左边是整个系统的内部力之和，方程的右边是系统的外部力之和。方程右边是作用(因)，左边是表现(果)。换言之，没有右边的力，整个结构将处于静态平和状态。

(2) M_r、C_r、K_r 分别表示跑道结构中道基-道面整体的质量、阻尼和刚度。将道基-道面看作层状的整体结构，动力学分析强调道基-道面一体化协同。

(3) (M_a, M_r)、(C_a, C_r)、(K_a, K_r) 包含跑道子系统和飞机子系统两类元素，且都为矩阵。整个方程适用于单个、几十个到无限个自由度，这将取决于分析的需求和对模型划分的精度要求。

(4)整个动力学表达方程随着时间 t 变化。飞机包含加速、减速、冲击等运行行为，这表明整个系统为时变、非平稳系统。

(5) C_a、K_a 分别为飞机轮胎和起落架的阻尼矩阵与刚度矩阵，是非线性参数：体现了飞机自身起落架、轮胎结构的力学非线性。

(6) C_r、K_r 为跑道结构的阻尼矩阵与刚度矩阵，是非线性参数。这些参数随着外界温度、湿度环境的变化而变化，体现了土基、沥青面层等黏弹性、弹塑性的本构关系，板底脱空、地基不均匀支撑的非线性状态。

(7) F_g 为飞机荷载的重力，并作为一个变量考虑。整个方程适用于各类机型和不同的起落架构型。

(8) $F_l(t)$ 为整个过程中飞机升力的变化。体现了飞机荷载相对于车辆、列车的独特性。

(9) $F_c(t)$ 、 $-F_c(t)$ 作为相反数出现在跑道子系统和飞机子系统中。正是这个动载产生了让整个系统不可忽略的加速度，体现了飞机-跑道结构的相互作用。这个相互作用关系体现了机场跑道系统动力学与车辆动力学、桥梁动力学不同的特点。

(10) $F_e(t)$ 为环境中的地震作用。与荷载作用同时出现在第一个方程等式的右边，方程充分考虑了飞机荷载作用和地震作用同时发生的复杂情况。

2. 统一系统动力学表达方程组的适用性

(1)如果没有飞机荷载，M_a 、 C_a 、 K_a 、 $F_l(t)$ 和 F_g 为 0，此时整个结构只受环境作用，仍可以求解出跑道结构的响应量。这就退化为地震等自然环境荷载作用下跑道结构的动力学问题，如南海饱和粉细砂机场跑道，受地震作用时极有可能会产生动力学失稳。

(2)如果没有跑道结构，M_r 、 C_r 、 K_r 、 $F_e(t)$ 为 0，意味着整个系统就是研究飞机着陆和滑跑阶段下飞机振动响应问题，仍可以求解飞机的振动响应。此时更多的是关心飞机起落架、机身等振动问题。

(3)如果没有环境作用，$F_e(t)$ 为 0，这就是典型的不考虑环境作用的飞机-跑道相互作用的动力学问题。

(4)如果没有动载，$F_c(t)$ 为不随时间变化的常数，整个系统退化为静力学问题。因此，静力问题可看作系统动力学的特解。

上述几种特殊的边界情况说明机场跑道系统动力学方程组具有普适性、统一性。

由此可见，机场跑道系统动力学的组成、作用和参数都是动力的，相应的分析原理也是动力学分析原理。动力学分析需通过高维耦合的非线性微分方程组求解。在动力学分析中始终围绕各子系统的相互作用和相互影响，例如，飞机荷载作用下道面产生振动位移，这个振动位移将和跑道表面的不平整叠加后，反过来又作为激励引起滑跑飞机的振动，这种飞机的振动又将导致道面产生更大的振动位移，所以动力学分析中必然要考虑子系统之间的相互作用。

机场跑道系统动力学的冲击与激振作用、飞机升力等独有特性与现有车路系统动力学、车桥系统动力学大不相同，这也意味着机场跑道系统动力学分析结果不能直接照搬其他动力学系统的成果。为了更准确、全面地揭示机场跑道系统动力学独有的特性，本书通过建模与解析方法、计算机仿真方法研究整个跑道系统在荷载激振作用与荷载冲击作用下的动力效应，借助智能跑道等技术实现机场跑道系统动力学的实测与感知，并进一步对比机场跑道系统动力学与传统静力学的区别，最后提出了机场跑道系统动力学在结构设计和性能评价上的应用。

参 考 文 献

[1] Ksaibati K, Armaghani J, Fisher J. Effect of moisture on modulus values of base and subgrade materials[J]. Transportation Research Record, 2000, 1716: 20-29.

[2] 赵延庆, 韦武举, 杨建新. 沥青混合料动态模量季节性变化规律研究[J]. 武汉理工大学学报, 2008, 30(9): 43-45.

[3] Nenad G, Sameh Z, Ali M, et al. Development of seasonal variation models of pavement properties using seimic nondestructive testing(NDT)techniques[C]//Worldwide Airport Technology Transfer Conference, Atlanta, 2007.

[4] 张志超. 车桥系统耦合振动和地震响应的随机分析[D]. 大连: 大连理工大学, 2010.

第3章　机场跑道系统动力学模型与求解方法

在动力学分析原理的基础上，构建并求解飞机-跑道相互作用动力学模型是机场跑道系统动力学分析的关键。为满足精度要求，首先，需要将机场跑道系统无限自由度结构离散化为有限自由度结构，建立飞机子系统、跑道结构子系统非线性振动模型，并基于位移相容原理建立飞机-跑道相互作用动力学模型；然后，准确选取跑道结构动态模量、阻尼系数等动力学参数，推导机场跑道系统动力学运动方程。在此基础上，对于跑道系统多自由度非线性振动问题，采用时变与非时变方法分别求解确定性振动和随机振动的跑道系统动力学响应。

3.1　机场跑道系统结构的离散化

动力学分析的核心在于研究惯性力对结构响应的影响，其主要与结构质量相关。故描述结构质量及其运动、确定动力自由度是进行动力学分析首要的一步。

动力自由度是在体系动力分析中确定全部质量在某一时刻几何位置所需的广义坐标数目。在实际机场工程中，机场跑道、飞机均是具有无限自由度的结构，为便于解析计算，通常需要将结构无限自由度问题转变为有限自由度问题，称为结构离散化。结构离散化常用方法有以下三类：广义坐标法、集中质量法和有限元法。在机场工程中，有限元法结合了广义坐标法、集中质量法的优点，采用分片形函数和真实的物理量，能够直观、简便地表达飞机、跑道结构单元，因此得到了广泛应用。

结构离散化通常是将结构计算模型转变为单自由度体系或多自由度体系，但在机场工程领域不易将跑道或飞机结构简化为单自由度体系，且采用该体系进行简化计算可能会影响结构动力特性的准确性，因此，在飞机-跑道相互作用系统动力学分析中，通常将结构离散化为多自由度体系，多自由度体系又可分为两自由度体系和复杂的多自由度体系（自由度达 3 个及以上）。

两自由度体系是指结构在动力环境下的运动状态仅需两个广义坐标即可确定，是多自由度体系中的一个特例。

多自由度体系是指在外荷载复杂多变或系统结构复杂的情况下，需多个广义坐标才能描述结构运动状态的体系。

随着自由度的减少，模型的计算效率也得到提高。在飞机-跑道相互作用系统中，通常为简便计算可将飞机主起落架模型简化为有阻尼的两自由度模型。然而，在实际工程中为更真实地反映振动过程中惯性力对飞机、跑道结构的影响，加之飞机与跑道本身就是复杂的多自由度结构，需要采用更多的自由度来描述两者的质量分布与变形。因此，下面将分别对飞机两自由度模型、飞机多自由度模型与跑道多自由度模型的建模过程展开详细介绍。

3.2　机场跑道系统动力学模型的建立

3.2.1　动力学运动方程建立方法

系统动力学运动方程的建立，即动力学模型的建立方法，主要包括牛顿第二定律法、直接动力平衡法（达朗贝尔法）、虚位移法、Hamilton 法和 Lagrange 法[1]。

（1）牛顿第二定律法。基于牛顿第二定律，核心思想是外力的合力等于结构质量与加速度的乘积。

（2）直接动力平衡法。基于达朗贝尔原理，核心思想是在任意一个瞬时，假设运动结构受到主动力、约束力和惯性力共同作用，则该结构体系处于假定的动力平衡状态。

（3）虚位移法。基于虚位移原理，核心思想是结构在外力作用下平衡状态产生一个虚位移，则外力在虚位移上所做的总虚功恒等于 0。

（4）Hamilton 法。基于积分形式的变分原理，核心思想是在任意时间段 $[t_1, t_2]$，结构体系的位能、动能和非保守力所做功的变分之和为 0。

（5）Lagrange 法。基于微分形式的变分原理，核心思想与 Hamilton 法一样，除非保守力（主要为阻尼力）之外，是一个完全的标量分析方法。

以上 5 种系统动力学运动方程建立方法的对比见表 3.1。

表 3.1　系统动力学运动方程建立方法的对比

方法	类别	优点
牛顿第二定律法	矢量法	力学概念简单明确
直接动力平衡法	矢量法	将动力学问题转为静力学问题，提供动平衡的概念
虚位移法	半矢量法	采用代数方式运算，计算简便，可处理复杂的分布质量和弹性问题
Hamilton 法	标量法	不使用惯性力和弹性力，表达简便
Lagrange 法	标量法	无须分析惯性力和弹性恢复力，应用更广泛

实际上无论采用上述 5 种方法中哪一种方法建立系统动力学方程，最终所得到的动力学平衡方程都是一样的。由于直接动力平衡法能较为直接、直观地展现

飞机动力平衡, 本书将统一采用达朗贝尔原理(直接动力平衡法)建立全机的动力学模型。

3.2.2   飞机子系统非线性振动模型

1. 飞机两自由度模型

主起落架两自由度飞机模型如图 3.1 所示。M_s 为簧载质量, 是机身分配到主起落架处的质量; M_t 为非簧载质量, 即轮胎和起落架外筒的质量; k_s、c_s 分别为起落架的刚度系数和阻尼系数; k_t、c_t 分别为轮胎的刚度系数和阻尼系数; Z_s、Z_t 分别为簧载质量和非簧载质量的竖向位移; q_t 为轮胎接地处受到的跑道不平整激励; F_s 为飞机在跑道上滑跑时受到的升力。

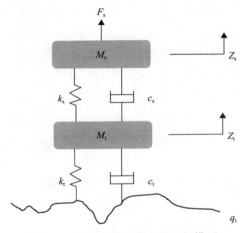

图 3.1   主起落架两自由度飞机模型

基于达朗贝尔原理, 在不平整激励下飞机两自由度模型的动力微分方程写成矩阵的形式为

$$M\ddot{Z} + C\dot{Z} + KZ = P \tag{3.1}$$

式中, 质量矩阵 $M = \begin{bmatrix} M_s & 0 \\ 0 & M_t \end{bmatrix}$; 阻尼矩阵 $C = \begin{bmatrix} c_s & -c_s \\ -c_s & c_s + c_t \end{bmatrix}$; 刚度矩阵 $K = \begin{bmatrix} k_s & -k_s \\ -k_s & k_s + k_t \end{bmatrix}$; 位移列阵 $Z = \begin{bmatrix} Z_s \\ Z_t \end{bmatrix}$; 激励列阵 $P = \begin{bmatrix} F_s \\ k_t q_t + c_t \dot{q}_t \end{bmatrix}$。

2. 飞机多自由度模型

飞机在滑跑过程中, 跑道不平整激励通过轮胎传递至起落架, 起落架吸收部分能量后将振动传递给机身。因为轮胎和起落架都具有强非线性, 所以飞机滑跑是一种典型的非线性模型。在频域动力学响应分析阶段，一般都是将非线性元素等效为线性元素，因此本节先用等效的线性字母表征非线性元素，所建立的模型如下。

1）三点式中型客机

B737、B757、B777 和 B787 都是典型的三点式中型客机。建立跑道不平整激励下飞机的动力学模型，其核心是建立这类三点式飞机的振动微分方程[2,3]。同时，考虑飞机随机振动下的竖向运动、俯仰转动和侧倾转动，建立的飞机整机模型如图 3.2 所示。其中，M_p 为飞机模型的簧载质量；m_f、m_1、m_r 分别为前、左后、右后起落架非簧载质量；K_f、K_1、K_r 分别为前、左后、右后起落架簧载质量的等效刚度系数；C_f、C_1、C_r 分别为前、左后、右后起落架簧载质量的等效阻尼系数；k_f、k_1、k_r 分别为前、左后、右后起落架非簧载质量的等效刚度系数；c_f、c_1、c_r 分别为前、左后、右后起落架非簧载质量的等效阻尼系数；I_x 为飞机模型绕飞机横轴（x 轴）的转动惯量；I_y 为飞机模型绕飞机纵轴（y 轴）的转动惯量；d、e 分别为前后起落架到飞机横轴的垂直距离；a、b 分别为左后、右后起落架到飞机纵轴的垂直距离；z_f、z_1、z_r 分别为前、左后、右后起落架非簧载质量的竖向位移；Z 为飞机簧载质量的竖向位移；Φ 为簧载质量的俯仰转动位移；Ψ 为簧载质量的侧倾转动位移；q_f、q_1、q_r 分别为前、左后、右后起落架非簧载质量的不平整激励；F_s 为飞机起降过程中受到的升力，飞机在跑道上直线起降滑跑，故可将机翼产生的升力 F_s 简化为作用在飞机的重心处。

根据达朗贝尔原理，以飞机平衡位置为坐标原点，在不平整道面的激励下簧载质量 M_p 的竖向振动平衡方程为

$$M_p\ddot{Z} + C_f(\dot{Z} + d\dot{\Phi} - \dot{z}_f) + K_f(Z + d\Phi - z_f) + C_r(\dot{Z} + e\dot{\Phi} + b\dot{\Psi} - \dot{z}_r) + K_r(Z \\ -e\Phi + b\Psi - z_r) + C_1(\dot{Z} - e\dot{\Phi} - b\dot{\Psi} - \dot{z}_r) + K_1(Z - e\Phi + a\Psi - z_1) + F_s = 0 \tag{3.2}$$

簧载质量 M_p 的俯仰转动的平衡方程为

$$I_x\Phi + C_f(Z + d\Phi - \dot{z}_f)d + K_f(Z + d\Phi - z_f)d - C_r(Z + e\Phi + b\dot{\Psi} - \dot{z}_r)e - K_r(Z \\ -e\Phi + b\Psi - z_r)e + C_1(\dot{Z} - e\dot{\Phi} - b\dot{\Psi} - \dot{z}_r)e + K_1(Z - e\Phi + a\Psi - z_1)e = 0 \tag{3.3}$$

簧载质量 M_p 的侧倾转动的平衡方程为

$$I_y\ddot{\Psi} + C_r(\dot{Z} - e\dot{\Phi} + b\dot{\Psi} - \dot{z}_r)b + K_r(Z - e\Phi + b\Psi - z_r)b \\ + C_1(\dot{Z} - e\dot{\Phi} + a\dot{\Psi} - \dot{z}_r)a + K_1(Z - e\Phi + a\Psi - z_1)a = 0 \tag{3.4}$$

根据竖直方向的力平衡，前、右后、左后起落架非簧载质量的振动平衡方程分别为式(3.5)～式(3.7)。

$$m_f \ddot{z}_f - C_f(\dot{Z} + d\dot{\Phi} - \dot{z}_f) - K_f(Z + d\Phi - z_f) + c_f \dot{z}_f + k_f z_f - c_f \dot{q}_f - k_f q_f = 0 \qquad (3.5)$$

$$m_r \ddot{z}_r - C_r(\dot{Z} + e\dot{\Phi} + b\dot{\Psi} - \dot{z}_r) - K_r(Z - e\Phi + b\Psi - z_r) + c_r \dot{z}_r + k_r z_r - c_r \dot{q}_r - k_r q_r = 0$$
$$\qquad (3.6)$$

$$m_1 \ddot{z}_1 - C_1(\dot{Z} - e\dot{\Phi} - a\dot{\Psi} - \dot{z}_1) - K_1(Z - e\Phi - a\Psi - z_1) + c_1 \dot{z}_1 + k_1 z_1 - c_1 \dot{q}_1 - k_1 q_1 = 0 \qquad (3.7)$$

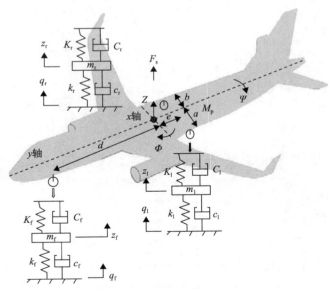

图 3.2　三点式中型客机动力学模型

2）五点式中型客机

B747 是典型的五点式中型客机，同时也考虑飞机随机振动下的竖向运动、俯仰转动和侧倾转动，建立的五点式中型客机整机模型如图 3.3 所示。其中，M_p 为飞机模型的簧载质量；m_f、m_{ro}、m_{ri}、m_{lo}、m_{li} 分别为前、右外、右内、左外、左内起落架非簧载质量；K_f、K_{ro}、K_{ri}、K_{lo}、K_{li} 分别为前、右外、右内、左外、左内起落架簧载质量的等效刚度系数；C_f、C_{ro}、C_{ri}、C_{lo}、C_{li} 分别为前、右外、右内、左外、左内起落架簧载质量的等效阻尼系数；k_f、k_{ro}、k_{ri}、k_{lo}、k_{li} 分别为前、右外、右内、左外、左内起落架非簧载质量的等效刚度系数；c_f、c_{ro}、c_{ri}、c_{lo}、c_{li} 分别为前、右外、右内、左外、左内起落架非簧载质量的等效

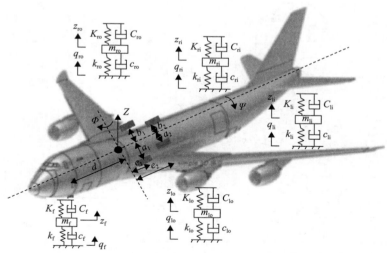

图 3.3　五点式中型客机动力学模型

阻尼系数；I_x 为飞机模型绕飞机横轴（x 轴）的转动惯量；I_y 为飞机模型绕飞机纵轴（y 轴）的转动惯量；d、e_1、e_2 分别为前、外主、内主起落架到飞机横轴的垂直距离；a_1、a_2、b_1、b_2 分别为左外、左内、右外、右内起落架到飞机纵轴的垂直距离；z_f、z_{ro}、z_{ri}、z_{lo}、z_{li} 分别为前、右外、右内、左外、左内起落架非簧载质量的竖向位移；Z 为飞机簧载质量的竖向位移；Φ 为簧载质量的俯仰转动位移；Ψ 为簧载质量的侧倾转动位移；q_f、q_{ro}、q_{ri}、q_{lo}、q_{li} 分别为前、右外、右内、左外、左内起落架非簧载质量的不平整激励；F_s 为飞机起降过程中受到的升力，飞机在跑道上直线起降滑跑，故可将机翼产生的升力 F_s 简化为作用在飞机的重心处。

根据达朗贝尔原理，以飞机平衡位置为坐标原点，在不平整道面的激励下簧载质量 M_p 的竖向振动平衡方程为

$$
\begin{aligned}
&M_p\ddot{Z}+C_f(\dot{Z}+d\dot{\Phi}-\dot{z}_f)+K_f(Z+d\Phi-z_f)+C_{ro}(\dot{Z}-e_1\dot{\Phi}+b_1\dot{\Psi}-\dot{z}_r)\\
&+K_{ro}(Z-e_1\Phi+b_1\Psi-z_{ro})+C_{ri}(\dot{Z}-e_2\dot{\Phi}+b_2\dot{\Psi}-\dot{z}_{ri})+K_{ri}(Z-e_2\Phi+b_2\Psi\\
&-z_{ri})+C_{lo}(\dot{Z}-e_1\dot{\Phi}+a_1\dot{\Psi}-\dot{z}_{lo})+K_{lo}(Z-e_1\Phi-a_1\Psi-z_{lo})+C_{li}(\dot{Z}-e_2\dot{\Phi}\\
&+a_2\dot{\Psi}-\dot{z}_{li})+K_{li}(Z-e_2\Phi-a_2\Psi-z_{li})+F_s=0
\end{aligned}\tag{3.8}
$$

簧载质量 M_p 的俯仰转动的平衡方程为

$$
\begin{aligned}
&I_x\Phi+C_f(\dot{Z}+d\dot{\Phi}-\dot{z}_f)d+K_f(Z+d\Phi-z_f)d-C_{ro}(Z-e_1\Phi+b_1\Psi-z_{ro})e_1\\
&+K_{ro}(Z-e_1\Phi+b_1\Psi-z_{ro})e_1+C_{ri}(\dot{Z}-e_2\dot{\Phi}+b_2\dot{\Psi}-\dot{z}_{ri})e_2+K_{ri}(Z-e_2\Phi\\
&+b_2\Psi-z_{ri})e_2+C_{lo}(Z-e_1\Phi+a_1\Psi-\dot{z}_{lo})e_1-K_{lo}(Z-e_1\Phi-a_1\Psi-z_1)e_1+C_{li}(\dot{Z}\\
&-e_2\dot{\Phi}-a_2\dot{\Psi}-\dot{z}_{li})e_2-K_{li}(Z-e_2\Phi-a_2\Psi-z_{li})e_2=0
\end{aligned}\tag{3.9}
$$

簧载质量 M 的侧倾转动的平衡方程为

$$
\begin{aligned}
&I_y\ddot{\Psi}+C_{ro}(\dot{Z}-e_1\dot{\Phi}+b_1\dot{\Psi}-\dot{z}_{ro})b_1+K_{ro}(Z-e_1\Phi+b_1\Psi-z_{ro})b_1+C_{ri}(\dot{Z}\\
&-e_2\dot{\Phi}+b_2\dot{\Psi}-\dot{z}_{ri})b_2+K_{ri}(Z-e_2\Phi+b_2\Psi-z_{ri})b_2+C_{lo}(\dot{Z}-e_1\dot{\Phi}+a_1\dot{\Psi}-\dot{z}_{lo})a_1\\
&-K_{lo}(Z-e_1\Phi-a_1\Psi-z_{lo})a_1+C_{li}(\dot{Z}-e_2\dot{\Phi}-a_2\dot{\Psi}-\dot{z}_{li})a_2-K_{li}(Z-e_2\Phi\\
&-a_2\Psi-z_{li})a_2=0
\end{aligned}\tag{3.10}
$$

根据竖直方向的力平衡，前、右外、右内、左外、左内起落架非簧载质量的振动平衡方程分别为

$$
m_f\ddot{z}_f-C_f(\dot{Z}+d\dot{\Phi}-\dot{z}_f)-K_f(Z+d\Phi-z_f)+c_f\dot{z}_f+k_fz_f-c_f\dot{q}_f-k_fq_f=0\tag{3.11}
$$

$$m_{ro}\ddot{z}_{ro} - C_{ro}(\dot{Z} - e_1\dot{\Phi} + b_1\dot{\Psi} - \dot{z}_{ro}) - K_{ro}(Z - e_1\Phi + b_1\Psi - z_{ro})$$
$$+c_{ro}\dot{z}_{ro} + k_{ro}z_{ro} - c_{ro}\dot{q}_{ro} - k_{ro}q_{ro} = 0 \tag{3.12}$$

$$m_{ri}\ddot{z}_{ri} - C_{ri}(\dot{Z} - e_2\dot{\Phi} + b_2\dot{\Psi} - \dot{z}_{ri}) - K_{ri}(Z - e_2\Phi + b_2\Psi - z_{ri})$$
$$+c_{ri}\dot{z}_{ri} + k_{ri}z_{ri} - c_{ri}\dot{q}_{ri} - k_{ri}q_{ri} = 0 \tag{3.13}$$

$$m_{lo}\ddot{z}_{lo} - C_{lo}(\dot{Z} - e_1\dot{\Phi} - a_1\dot{\Psi} - \dot{z}_{lo}) - K_{lo}(Z - e_1\Phi - a_1\Psi - z_{lo})$$
$$+c_{lo}\dot{z}_{lo} + k_{lo}z_{lo} - c_{lo}\dot{q}_{lo} - k_{lo}q_{lo} = 0 \tag{3.14}$$

$$m_{li}\ddot{z}_{li} - C_{li}(\dot{Z} - e_2\dot{\Phi} - a_2\dot{\Psi} - \dot{z}_{li}) - K_{li}(Z - e_2\Phi - a_2\Psi - z_{li})$$
$$+c_{li}\dot{z}_{li} + k_{li}z_{li} - c_{li}\dot{q}_{li} - k_{li}q_{li} = 0 \tag{3.15}$$

3.2.3　跑道结构子系统非线性振动模型

1. 水泥跑道多自由度振动模型

目前机场刚性道面结构响应分析常用的力学模型主要包括弹性地基板模型和弹性层状体系模型两种。弹性地基板模型中常用的地基模型主要有弹性半空间地基和 Winkler 地基两类。采用弹性半空间地基将增大地基模型厚度，影响结构动力响应分析的计算效率；目前我国现行机场水泥混凝土道面设计规范采用的是Winkler 地基上的单层板模型。

此外，实际地基是呈非均匀形态的，那么基床系数也是非均匀的。因此，本书选择建立非均匀 Winkler 地基上的有限板模型[4]，如图 3.4 所示，实现基床系数的变化。当基床系数 k 为曲线分布时，用 x、y 的二次式可以表达为

$$k(x, y) = \frac{K\left(1 + 2A\dfrac{x}{a} + 2B\dfrac{y}{b} + 3C\dfrac{y^2}{b^2} + 4E\dfrac{xy}{ab}\right)}{ab(1 + A + B + C + D + E)} \tag{3.16}$$

式中，a、b 为两板边边长；A、B、C、D、E 为确定基床系数分布特征的常数；K 为地基总压缩刚度，$K = \int_0^a \int_0^b k(x, y)\mathrm{d}x\mathrm{d}y$。基床系数仅与地基土的物理性质相关。

刚性道面板的刚体模态挠度的计算公式为

$$w(x, y) = w_1 + \frac{w_2 - w_1}{a}x + \frac{w_3 - w_1}{b}y \tag{3.17}$$

式中，w_1、w_2、w_3 分别为板角 1～板角 3 处的挠度，而板角 4 的挠度为 $w_4 = w_2 + w_3 - w_1$。采用达朗贝尔法，依据 z 方向的力平衡与绕 x、y 轴的力矩平衡，建立机

场水泥混凝土板的运动方程为

$$[M]\{\ddot{\omega}\} + [K]\{w(x,y)\} = 0 \tag{3.18}$$

式中，$[M]$、$[K]$ 分别为跑道的质量矩阵和刚度矩阵。

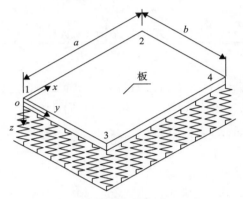

图 3.4　水泥跑道结构动力学模型

2. 沥青跑道多自由度振动模型

沥青跑道结构一般包括面层、半刚性基层、底基层、垫层和土基层等，是由多个层状结构从下至上逐层累加而成的，故一般将其简化为弹性层状体系，如图 3.5 所示。在多层体系中，除了土基层，其他均为有限厚度，在水平方向无限大，土基层为半无限空间体。考虑移动荷载，运用动平衡原理，列出沥青跑道弹性层状体系的平衡方程为式(3.19)～式(3.21)，物理方程为式(3.22)，几何方程为式(3.23)～式(3.28)。

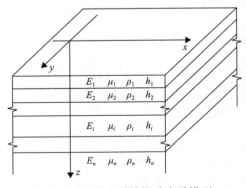

图 3.5　沥青跑道结构动力学模型

$$\frac{\partial^2 \sigma_x(x,y,z,t)}{\partial x^2} + \frac{\partial^2 \tau_{xy}(x,y,z,t)}{\partial y^2} + \frac{\partial^2 \tau_{xz}(x,y,z,t)}{\partial z^2} = \rho \frac{\partial^2 u(x,y,z,t)}{\partial t^2} \quad (3.19)$$

$$\frac{\partial^2 \tau_{xy}(x,y,z,t)}{\partial x^2} + \frac{\partial^2 \sigma_y(x,y,z,t)}{\partial y^2} + \frac{\partial^2 \tau_{yz}(x,y,z,t)}{\partial z^2} = \rho \frac{\partial^2 v(x,y,z,t)}{\partial t^2} \quad (3.20)$$

$$\frac{\partial^2 \tau_{xz}(x,y,z,t)}{\partial x^2} + \frac{\partial^2 \tau_{yz}(x,y,z,t)}{\partial y^2} + \frac{\partial^2 \sigma_z(x,y,z,t)}{\partial z^2} = \rho \frac{\partial^2 w(x,y,z,t)}{\partial t^2} \quad (3.21)$$

式中，$u(x,y,z,t)$、$v(x,y,z,t)$、$w(x,y,z,t)$分别为 x、y、z 方向上的位移；$\sigma_x(x,y,z,t)$、$\sigma_y(x,y,z,t)$、 $\sigma_z(x,y,z,t)$ 分别为 x、y、z 方向上的正应力；$\tau_{xy}(x,y,z,t)$、$\tau_{yz}(x,y,z,t)$、$\tau_{xz}(x,y,z,t)$ 为剪应力。

$$
\begin{bmatrix}
\sigma_x(x,y,z,t) \\
\sigma_y(x,y,z,t) \\
\sigma_z(x,y,z,t) \\
\tau_{xy}(x,y,z,t) \\
\tau_{xz}(x,y,z,t) \\
\tau_{yz}(x,y,z,t)
\end{bmatrix}
=
\begin{bmatrix}
\lambda+2G & \lambda & \lambda & 0 & 0 & 0 \\
\lambda & \lambda+2G & \lambda & 0 & 0 & 0 \\
\lambda & \lambda & \lambda+2G & 0 & 0 & 0 \\
0 & 0 & 0 & 2G & 0 & 0 \\
0 & 0 & 0 & 0 & 2G & 0 \\
0 & 0 & 0 & 0 & 0 & 2G
\end{bmatrix}
=
\begin{bmatrix}
\varepsilon_x(x,y,z,t) \\
\varepsilon_y(x,y,z,t) \\
\varepsilon_z(x,y,z,t) \\
\varepsilon_{xy}(x,y,z,t) \\
\varepsilon_{xz}(x,y,z,t) \\
\varepsilon_{yz}(x,y,z,t)
\end{bmatrix}
$$

$$(3.22)$$

式中，$\varepsilon_x(x,y,z,t)$、$\varepsilon_y(x,y,z,t)$、$\varepsilon_z(x,y,z,t)$分别为 x、y、z 方向上的正应变；$\varepsilon_{xy}(x,y,z,t)$、$\varepsilon_{xz}(x,y,z,t)$、$\varepsilon_{yz}(x,y,z,t)$ 为剪应变；λ、G 为拉梅常数，$\lambda=\dfrac{\nu E}{(1+\nu)(1-2\nu)}$，$G=\dfrac{E}{2(1+\nu)}$，$E$ 为弹性模量，ν 为泊松比。

$$\varepsilon_x(x,y,z,t) = \frac{\partial u(x,y,z,t)}{\partial x} \quad (3.23)$$

$$\varepsilon_y(x,y,z,t) = \frac{\partial v(x,y,z,t)}{\partial y} \quad (3.24)$$

$$\varepsilon_z(x,y,z,t) = \frac{\partial w(x,y,z,t)}{\partial z} \quad (3.25)$$

$$\varepsilon_{xy}(x,y,z,t) = \frac{1}{2}\frac{\partial v(x,y,z,t)}{\partial x} + \frac{\partial u(x,y,z,t)}{\partial y} \quad (3.26)$$

$$\varepsilon_{xz}(x,y,z,t) = \frac{1}{2}\frac{\partial u(x,y,z,t)}{\partial z} + \frac{\partial w(x,y,z,t)}{\partial x} \qquad (3.27)$$

$$\varepsilon_{yz}(x,y,z,t) = \frac{1}{2}\frac{\partial u(x,y,z,t)}{\partial z} + \frac{\partial w(x,y,z,t)}{\partial y} \qquad (3.28)$$

经伽利略变换和傅里叶变换及傅里叶逆变换，可推导出在简单形状荷载下弹性多层状体系任意点响应的解析解为

$$R(x,y,z,t) = \frac{1}{2\pi}\int_{-\infty}^{+\infty}\frac{1}{2\pi}\left(\int_{-\infty}^{+\infty}\breve{R}(\xi_1,\xi_2,z)\cdot e^{i\xi_1(x-Vt)}d\xi_1\right)e^{i\xi_2 y}d\xi_2 \qquad (3.29)$$

式中，$\breve{R}(\xi_1,\xi_2,z)$ 为经伽利略变换和傅里叶变换后任意深度 z 处的力学响应；$R(x,y,z,t)$ 为弹性层状体系任意点力学响应的解析解[5]。

关于模型的具体参数，本书将在 3.3 节详细介绍不同飞机、跑道结构的振动模型参数取值。

3.2.4 飞机-跑道相互作用系统非线性模型

1. 相互作用系统的垂向位移

飞机-跑道相互作用系统受到的不平整激励包括跑道自身的不平整序列和飞机荷载作用下跑道面层的垂向位移。跑道纵向上任一点 y 处的垂向振动位移可以表示为

$$y_t(x) = \sum_{n=1}^{N}A_n\phi_n(x) \qquad (3.30)$$

对应的广义力 P_n 可表示为

$$P_n(t) = \phi_n(x)p(t) = \phi_n(x)[k_t(Z_t - q_t) + c_t(\dot{Z}_t - \dot{q}_t)] \qquad (3.31)$$

可进一步表示为

$$P_n(t) = \phi_n(x)\left\{k_t\left[Z_t - q(x) - \sum_{n=1}^{N}A_n\phi_n(x)\right] + c_t\left[\dot{Z}_t - \dot{q}(x) - \sum_{n=1}^{N}A_n\phi_n(x)\right]\right\} \qquad (3.32)$$

2. 相互作用平衡方程

以二自由度的相互作用系统为例，其相互作用平衡方程组为

$$\begin{bmatrix} M_s & 0 \\ 0 & M_t \end{bmatrix} \begin{bmatrix} \ddot{Z}_s \\ \ddot{Z}_t \end{bmatrix} + \begin{bmatrix} c_s & -c_s \\ -c_s & c_s + c_t \end{bmatrix} \begin{bmatrix} \dot{Z}_s \\ \dot{Z}_t \end{bmatrix} + \begin{bmatrix} k_s & -k_s \\ -k_s & k_s + k_t \end{bmatrix} \begin{bmatrix} Z_s \\ Z_t \end{bmatrix}$$

$$= \begin{bmatrix} F_s \\ k_t \left(Z_t - q(x) - \sum_{n=1}^{N} A_n \phi_n(x) \right) + c_t \left(\dot{Z}_t - \dot{q}(x) - \sum_{n=1}^{N} \dot{A}_n \phi_n(x) \right) \end{bmatrix}$$

$$A_n + 2\xi_n \omega_n A_n + \omega_n^2 A_n$$

$$= \frac{1}{M_n} \left\{ \phi_n(x) \left[k_t \left(Z_t - q(x) - \sum_{n=1}^{N} A_n \phi_n(x) \right) + c_t \left(\dot{Z}_t - \dot{q}(x) - \sum_{n=1}^{N} A_n \phi_n(x) \right) \right] \right\} \tag{3.33}$$

上述式子共有 $N+2$ 个方程，$n=1,2,3,\cdots,N$，只取控制作用的前几阶振型叠加即可。为方便编程，整理后得到动力平衡方程的标准形式为[6]

$$M\ddot{U} + C\dot{U} + KU = P \tag{3.34}$$

$$M = \begin{bmatrix} M_1 & & & & & \\ & M_2 & & & & \\ & & \ddots & & & \\ & & & M_n & & \\ & & & & M_s & \\ & & & & & M_t \end{bmatrix}$$

$$C = \begin{bmatrix} 2\xi_1 w_1 M_1 + \phi_1(x)c_t\phi_1(x) & \phi_1(x)c_t\phi_2(x) & \cdots & \phi_1(x)c_t\phi_n(x) & 0 & -\phi_1(x)c_t \\ & 2\xi_2 w_2 M_2 + \phi_2(x)c_t\phi_2(x) & \cdots & \phi_2(x)c_t\phi_n(x) & 0 & -\phi_2(x)c_t \\ & & \ddots & \vdots & \vdots & \vdots \\ & & & 2\xi_n w_n M_n + \phi_n(x)c_t\phi_n(x) & 0 & -\phi_n(x)c_t \\ & & & & c_s & -c_s \\ & & & & -c_s & c_s + c_t \end{bmatrix}$$

$$K = \begin{bmatrix} w_1^2 M_1 + \phi_1(x)k_t\phi_1(x) & \phi_1(x)k_t\phi_2(x) & \cdots & \phi_1(x)k_t\phi_n(x) & 0 & -\phi_1(x)k_t \\ & w_2^2 M_2 + \phi_2(x)k_t\phi_2(x) & \cdots & \phi_2(x)k_t\phi_n(x) & 0 & -\phi_2(x)k_t \\ & & \ddots & \vdots & \vdots & \vdots \\ & & & w_n^2 M_n + \phi_n(x)k_t\phi_n(x) & 0 & -\phi_n(x)k_t \\ & & & & k_s & -k_s \\ & & & & -k_s & k_s + k_t \end{bmatrix}$$

$$P = \begin{bmatrix} -\phi_1(x)[k_t q(x) + c_t \dot{q}(x)] \\ -\phi_2(x)[k_t q(x) + c_t \dot{q}(x)] \\ \vdots \\ -\phi_n(x)[k_t q(x) + c_t \dot{q}(x)] \\ F_s \\ k_t q(x) + c_t \dot{q}(x) \end{bmatrix}, \quad U = \begin{bmatrix} A_1 \\ A_2 \\ \vdots \\ A_n \\ Z_s \\ Z_t \end{bmatrix}$$

3.3　机场跑道系统动力学模型参数取值

3.3.1　跑道结构的常规参数取值

本书综合分析了中国《民用机场沥青道面设计规范》(MH/T 5010—2017)[7]、《公路沥青路面设计规范》(JTG D50—2017)[8]、《公路路基设计手册》(第三版)，美国统一设施标准(Unified Facilities Criteria，UFC)[9]，美国联邦航空管理局(Federal Aviation Administration, FAA)[10]、美国国家公路与运输协会(American Association of State Highway and Transportation Officials, AASHTO)[11]、美国沥青协会[12]等的相关规定和推荐值，并结合国内外道面结构分析时所用的材料参数取值[13-15]，以及中国的地域特点和工程技术水平，列出两种典型刚性跑道结构和柔性跑道结构常规参数取值，见表 3.2 和表 3.3，以便进行道面结构响应分析。

表 3.2　典型刚性跑道结构常规参数取值

结构层	材料类型	厚度 H /cm	泊松比 ν	Mohr-Coulomb	
				c /MPa	φ /(°)
面层	水泥混凝土	40	0.15	—	—
基层	水泥碎石基层	40	0.20	—	—
垫层	级配碎石垫层	20	0.30	0	45
土基	土	910	0.35	0.01	22

表 3.3　典型柔性跑道结构常规参数取值

结构层	材料类型	厚度 H /cm	泊松比 ν	Mohr-Coulomb	
				c /MPa	φ /(°)
面层	沥青混凝土	16	0.30	—	—
基层	水泥稳定碎石	20	0.20	—	—
底基层	水泥稳定碎石	20	0.20	—	—
垫层	级配碎石垫层	34	0.35	0	30
土基	土	910	0.40	0.01	22

3.3.2　飞机的常规参数取值

1. 典型三点式中型客机常规参数

以 B757-200 为例，参考飞机设计手册，典型的三点式中型客机的取值见表 3.4。

2. 典型五点式中型客机常规参数

以 B747-400 为例，参考飞机设计手册，典型的五点式中型客机的取值见表 3.5。

表 3.4　B757-200 客机参数

机身	几何参数	机长/m	53.43	发动机底部距地面高度/m	0.9
		翼展/m	38.06	发动机到机身中轴线距离/m	6.5
		机头距地面高度/m	3.79	发动机到机头距离/m	20.9
	质量参数	最大起飞质量/kg	108850	最大降落质量/kg	89800
		主起落架质量分配系数/%	92.6	重心与前起落架间距/m	20.7
	转动惯量	$I_x/(\text{kg}\cdot\text{m}^2)$	2714535	$I_y/(\text{kg}\cdot\text{m}^2)$	4936873
		$I_z/(\text{kg}\cdot\text{m}^2)$	7412768	—	—
	升力参数	机翼参考面积/ft²①	1951	气动弦长/m	4.77
		展弦比	7.98		
起落架	几何参数	前主起落架间距/m	22.35	主起落架轮距/m	0.86
		主起落架间距/m	7.32	前起落架总长/m	1.87
		前起落架轮距/m	0.61	主起落架总长/m	1.75
机轮	前机轮	31×13-12 20PR		轮胎半径/in②	15.5
		质量/kg	118	轮胎宽度/in	13
		I_{xx}、$I_{yy}/(\text{kg}\cdot\text{m}^2)$	13189	高宽比	0.73
		$I_{zz}/(\text{kg}\cdot\text{m}^2)$	22691	胎压/MPa	1.03
	主机轮	40×14.5-19 22PR		轮胎半径/in	20
		质量/kg	191	轮胎宽度/in	14.5
		I_{xx}、$I_{yy}/(\text{kg}\cdot\text{m}^2)$	13588	高宽比	0.72
		$I_{zz}/(\text{kg}\cdot\text{m}^2)$	23377	胎压/MPa	1.24

①1ft=3.048×10⁻¹m；②1in=2.54cm；下同。

表 3.5　B747-400 客机参数

机身	几何参数	机长/m	68.63	发动机底部距地面高度/m	1.0
		翼展/m	64.44	发动机到机身中轴线距离/m	11.68/20.83
		机头距地面高度/m	6.5	发动机到机头距离/m	23.01/32.16
	质量参数	最大起飞质量/kg	396894	最大降落质量/kg	302093
		主起落架质量分配系数/%	93.2	重心与前起落架间距/m	26.0
	转动惯量	$I_x/(\text{kg}\cdot\text{m}^2)$	24117200	$I_y/(\text{kg}\cdot\text{m}^2)$	43861501
		$I_z/(\text{kg}\cdot\text{m}^2)$	65858508	—	—
	升力参数	机翼参考面积/ft²	5650	气动弦长/m	8.15
		展弦比	7.91	—	—

续表

起落架	几何参数	前主起落架间距/m	25.6	主起落架轮距/m	1.12
		主起落架间距/m	7.42	前起落架总长/m	2.18
		前起落架轮距/m	0.91	主起落架总长/m	2.18
机轮	前机轮	49×17-22 32PR		轮胎半径/in	24.5
		质量/kg	532	轮胎宽度/in	17
		I_{xx}、I_{yy}/(kg·m^2)	60094	高宽比	0.79
		I_{zz}/(kg·m^2)	78979	胎压/MPa	1.38
	主机轮	49×19-22 32PR		轮胎半径/in	24.5
		质量/kg	565	轮胎宽度/in	19
		I_{xx}、I_{yy}/(kg·m^2)	67663	高宽比	0.71
		I_{zz}/(kg·m^2)	85227	胎压/MPa	1.38

3.3.3　飞机-跑道相互作用系统的动力学参数取值

1. 结构质量

在动力学分析中结构质量是影响惯性力的主要因素之一，而质量的变化主要取决于密度的变化，因此在建立模型时可通过改变密度来分析质量对结构振动响应的影响。表 3.6、表 3.7 列出两种典型跑道结构和飞机结构质量取值以供参考[16]。

表 3.6　典型跑道结构密度取值

典型刚性跑道结构		典型柔性跑道结构	
结构层	密度/(kg/m^3)	结构层	密度/(kg/m^3)
水泥面层	2400	沥青面层	2400
半刚性基层	2100	半刚性基层	2300
级配碎石垫层	2000	底基层	2300
土基	910	垫层	2000
		土基	910

表 3.7　典型飞机结构质量取值

B757-200 典型三点式中型客机		B777-300ER 典型三点式中型客机	
子系统	质量/kg	子系统	质量/kg
机身最大起飞质量	108850	机身最大起飞质量	286900
前机轮	118	前机轮	281
主机轮	191	主机轮	486

续表

B787-800 典型三点式中型客机		B747-400 典型五点式中型客机	
子系统	质量/kg	子系统	质量/kg
机身最大起飞质量	227930	机身最大起飞质量	396894
前机轮	255	前机轮	532
主机轮	392	主机轮	565

2. 动态模量

1) 水泥混凝土跑道结构材料动态模量

跑道铺筑的材料均存在较为明显的荷载级位和荷载频率依赖性，由于受力模式不同，铺面材料动载作用下的动态模量与静载作用下的静态模量有显著的不同。其取值与结构振动响应密切相关，取值越接近道面结构的真实工作环境，所得到的响应就越具有客观性与代表性。目前，国内外道路与机场研究人员对此展开了一系列探究，其中黄仰贤的试验分析具有代表性，其得到了土木材料在不同荷载频率下的动态模量变化范围和常用值，见表 3.8[17]。

表 3.8　典型跑道结构动态模量取值

材料类型	动态模量/MPa	常用值/MPa	材料类型	动态模量/MPa	常用值/MPa
水泥混凝土	20700~41400	27600	硬黏土	52.44~117.3	82.8
水泥稳定基层	6900~20700	13800	中等黏土	32.43~84.87	55.2
水泥土	345~13800	6900	软黏土	12.42~53.13	34.5
石灰-粉煤灰	345~17250	6900	很软黏土	6.9~39.33	20.7

2) 沥青混凝土跑道结构材料动态模量

相比于机场工程，目前在道路工程领域对沥青混合料动态模量的研究更为充分。现将各学者对于柔性道路结构材料动态模量的研究成果概括如下。

韦金城等[18]分析了沥青混合料动态模量和相位角对温度和加载频率的依赖性，同样利用时间-温度置换原理建立了动态模量的通用曲线，并用动态模量实测结果对 Witczak 预估模型进行了验证和分析，为将动态模量作为沥青路面设计参数和混合料性能评价指标提供了参考。王旭东等[19]对 FWD 实测弯沉盆采用静态弹性理论进行了模量反算研究，得到的沥青面层材料静态模量按 84.1%保证率取为设计模量，然后与《公路沥青路面设计规范》(JTG D50—2017)规定的静态模量之比为 2~3，动态模量取值范围为 2000~6000MPa；对于半刚性基层材料，动态模量与静态模量的比值为 2.3~4.6，动态模量取值范围为 2000~8000MPa；对于底基层材料，动态模量与静态模量的比值在 2 左右，动态模量取值范围为 800~

1800MPa；水泥土动态模量范围是 950～1400MPa；对于土基材料，反算及动三轴试验得到的动态模量取值范围为 100～300MPa。沙爱民得出水泥稳定砂砾动态模量的取值范围为 6000～13000MPa。

铺面材料动态模量作为设计及评价参数可以更好地表征铺面结构的动力特征，并可解决目前我国机场道面和路面结构设计中存在的不合理现象，采用动态模量代替静态模量是铺面结构设计理论从静态方法到动态方法转变的第一步。尽管许多学者对沥青路面各层材料动态模量的取值进行了广泛而深入的研究，但由于分析中所针对的铺面结构类型和所采用的测试方法不同，动态模量取值范围存在较大差异。同时，目前对机场工程条件下铺面材料动态模量的研究较少，而道路工程领域的相关研究更为充分，因此本书将主要参考道路工程的相关研究成果，将各层材料动态模量的取值方法总结如下。

(1)沥青面层材料动态模量取值方法。对于面层的沥青混合料，分析中主要参考韦金城等[18]根据室内试验结果回归得到的动态模量通用曲线方程，其试验数据用 Sigmoid 函数拟合，方程为

$$\lg E = \delta + \frac{\alpha}{1 + e^{\beta + \gamma \lg f}} \tag{3.35}$$

式中，E 为沥青混合料动态模量；f 为参照温度下的荷载缩减频率；α、δ、β、γ 为回归系数，其中 $\delta + \alpha$ 为动态模量极大值的对数，β、γ 为函数形状参数。对于常用的 AC-20 混合料，参照温度为 20℃时，α、δ、β、γ 的取值依次为 1.8644、2.4943、-1.1061、0.5499。

为了与静态分析结果进行对比，还需要研究动态模量与静态模量的关系。赵延庆等[20]研究指出，沥青材料静态模量大致与动态模量主曲线中对应于荷载频率 f 为 0.01～0.1Hz 的动态模量相当。本节假定沥青静态模量等于荷载频率为 0.05Hz 时的动态模量。而根据式(3.35)得到频率为 0.05Hz 时的动态模量为 4039MPa，高于常规沥青材料静态模量，比沥青材料静态模量取值 1800MPa 高出 2239MPa，这说明该主曲线公式存在一定误差。为使动态模量取值更加合理并建立动态模量与静态模量之间的对应关系，对式(3.35)描述的动态模量主曲线进行如下修正：将主曲线向下平移使得 0.05Hz 荷载频率对应的动态模量与静态模量相等(即各频率对应模量均减小 2239MPa)。通过修正使得 0.05Hz 对应的动态模量等于 1800MPa 的沥青材料动态模量主曲线如图 3.6 所示。对于荷载频率，分析中采用迭代试算法确定，即首先预估选定动态模量，然后根据有限元分析结果得到荷载作用频率，再根据此荷载频率选取新的动态模量代入有限元模型进行计算分析，得到新的荷载频率。重复上述过程直到前后两次模量值或频率值误差满足一定要求。

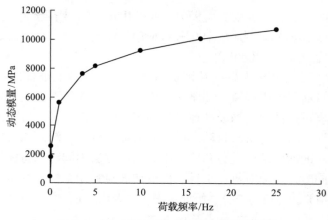

图 3.6　修正后沥青混合料动态模量主曲线

（2）基层、垫层材料动态模量取值方法。对于半刚性基层、沥青稳定类基层及粒料垫层材料，其动态模量也存在较为明显的应力频率依赖性，且随着频率的提高而增大。但大部分研究只是针对某些特定的荷载频率，难以确定动态模量随荷载频率的变化规律。同时参照王旭东等[19]反算得到的各层材料动态模量取值范围发现，基层、垫层材料动态模量与沥青面层材料动态模量的比例大致与各自静态模量比值相当。鉴于此，本书认为基层、垫层材料与面层材料的动态模量比例等于静态模量比例，因此通过沥青面层材料的动态模量来确定基层、垫层材料在不同荷载频率下的动态模量。

（3）土基材料动态模量的取值方法。对于土基材料，相关研究指出土基模量对荷载频率并不敏感，同时由于上覆道面结构的荷载扩散效应，作用在土基上的荷载频率较道面结构有所降低。如果仍假定其与面层动态模量比例等于两者静态模量比例，得到的土基动态模量会偏高。因此，本节主要参考王旭东等[19]反算得到的土基动态模量范围，根据土基静态模量，在动态模量范围内选取对应值。根据王旭东等的研究，土基材料动态模量取值范围为 200～300MPa，对于半刚性基层道面，乘以修正系数 0.75，得到土基设计模量取值范围为 150～225MPa，对于柔性基层道面，乘以修正系数 0.33，得到设计模量取值范围为 66～99MPa。具体而言，本研究中土基静态模量取值为 60MPa，处于中高范围，在飞机匀速滑跑和减速制动荷载作用时，对于柔性基层道面，参照上述 66～99MPa 范围，选取其中高值 90MPa；对于半刚性基层道面，参照上述 150～225MPa 范围，选取中高值 200MPa。下面分析半刚性基层道面在着陆冲击荷载作用下的响应时，由于飞机速度极快，经计算，沥青面层材料所受荷载频率高达 50Hz，尽管扩散到土基后稍有降低，但其荷载频率依然很高，所以土基模量也会有所提高。因此，在分析半刚性基层道面在着陆冲击荷载作用下的响应时，取土基动态模量为动态模量范围的上限 225MPa。

上述方法中，通过迭代计算确定荷载频率和面层材料动态模量是关键步骤，这一步将受到飞机滑跑速度的影响，飞机滑跑速度变化将导致沥青材料荷载频率变化。将半刚性基层沥青道面和沥青稳定基层沥青道面两种典型柔性道面结构材料在不同荷载作用模式下承受的荷载频率与材料动态模量汇总于表 3.9 和表 3.10[21]。

表 3.9　半刚性基层沥青道面结构材料承受的荷载频率和动态模量

荷载模式	荷载频率/ Hz	动态模量/MPa				
		沥青面层	水稳碎石基层	水稳碎石底基层	粒料垫层	土基
匀速滑跑(速度 6m/s)	3.57	7600	8444	6333	844	200
减速制动(按速度 6m/s 计算)	3.57	7600	8444	6333	844	200
着陆冲击(速度 50m/s)	50	12000	13333	10000	1333	225

表 3.10　沥青稳定基层沥青道面结构材料承受的荷载频率和动态模量

荷载模式	荷载频率/ Hz	动态模量/MPa			
		沥青面层	沥青碎石基层	粒料垫层	土基
匀速滑跑(速度 6m/s)	3.57	7600	3377.6	1266.6	90
减速制动(按速度 6m/s 计算)	3.57	7600	3377.6	1266.6	90

3) 阻尼系数

(1) 道面材料阻尼系数。

道面材料阻尼系数中较为通用的是瑞利阻尼系数，计算方法见式(3.36)。对于多自由度系统，其振型阻尼比 ξ_i 按式(3.37)计算。式中，ω_i 为对应圆频率。对于一般机场工程或道路工程结构，结构阻尼比通常小于 0.14，范围为 0.02~0.09，一般可取 $\xi_i = \xi_j = 0.05$[22]，因此 α_R、β_R 可分别按式(3.38)和式(3.39)计算。在道面结构动力学分析中，一般不考虑道面结构体的扭转效应，通过 ABAQUS 模态分析获得结构计算振动方向上的主振型，由此可得到对应的固有频率，乘以 2π 得到固有圆频率。共振试验结果表明，土壤的阻尼比为 0.02~0.05[23]。

$$[C] = \alpha_R [M] + \beta_R [K] \tag{3.36}$$

$$\xi_i = \frac{\alpha_R}{2\omega_i} + \frac{\beta_R \omega_i}{2} \tag{3.37}$$

$$\alpha_R = \frac{2\omega_i \omega_j}{\omega_i + \omega_j} \times \xi_i \tag{3.38}$$

$$\beta_R = \frac{2}{\omega_i + \omega_j} \times \xi_i \qquad (3.39)$$

廖公云等[24]也给出了常见道面材料的瑞利阻尼系数，其假定 ω_i 与 ω_j 相等，散粒体材料(黏土)的固有频率取为 8.2rad/s，道面材料(沥青混凝土、水稳碎石和二灰土)的固有频率取为 18.6rad/s，从而通过计算获得不同阻尼比下散体材料和道面材料的瑞利阻尼系数，见表 3.11。

表 3.11　道路常见材料的瑞利阻尼系数

阻尼比 ξ	材料	α_R	β_R
0.02	散体材料	0.16	0.0024
	道面材料	0.37	0.0011
0.05	散体材料	0.41	0.0061
	道面材料	0.93	0.0027
0.10	散体材料	0.82	0.0122
	道面材料	1.86	0.0054
0.15	散体材料	1.23	0.0183
	道面材料	2.79	0.0081

(2)飞机阻尼系数。

本书总结了中型客机和大型客机代表机型前起落架、主起落架和轮胎的阻尼系数拟合式，见表 3.12。

表 3.12　典型飞机起落架和轮胎的阻尼系数拟合式

类型	中型客机				大型客机
	B737-800	B757-200	B777-300	B787-800	B747-400
前起落架阻尼系数	$y=47600v\|v\|$ ($v>0$) $y=39700v\|v\|$ ($v<0$)	$y=47600v\|v\|$ ($v>0$) $y=39700v\|v\|$ ($v<0$)	$y=47600v\|v\|$ ($v>0$) $y=39700v\|v\|$ ($v<0$)	$y=47600v\|v\|$ ($v>0$) $y=39700v\|v\|$ ($v<0$)	$y=47600v\|v\|$ ($v>0$) $y=39700v\|v\|$ ($v<0$)
主起落架阻尼系数	$y=208000v\|v\|$ ($v>0$) $y=173000v\|v\|$ ($v<0$)	$y=208000v\|v\|$ ($v>0$) $y=173000v\|v\|$ ($v<0$)	$y=208000v\|v\|$ ($v>0$) $y=173000v\|v\|$ ($v<0$)	$y=208000v\|v\|$ ($v>0$) $y=173000v\|v\|$ ($v<0$)	$y=208000v\|v\|$ ($v>0$) $y=173000v\|v\|$ ($v<0$)
轮胎阻尼系数	$y=1355v\|v\|$ ($v>0$)	$y=1355v\|v\|$ ($v>0$)	$y=1355v\|v\|$ ($v>0$)	$y=1355v\|v\|$ ($v>0$)	$y=1355v\|v\|$ ($v>0$)

3.4　机场跑道系统动力学模型求解方法

结构振动中大多数都是非线性问题，结构非线性的计算方法有解析法和数值法。在机场跑道系统中遇到的非线性振动问题属于多自由度强非线性的振动问题，难以得到对应的解析解。解析求解方法除了精确解外，还有等效线性化、摄动法、渐进法、谐波平衡法等方法，本书主要采用等效线性化方法。飞机在跑道上运动，除受到跑道不平整激励作用外，还受到飞机升力的作用。因此，机场飞机-跑道相互作用系统的振动分析主要可分为确定性振动分析和随机振动分析，针对不同类型振动也有不同的响应解析方法。下面按照上述分类详细解释动力模型在确定性作用和随机动力下的求解过程。

3.4.1　确定性振动分析求解方法

飞机自重、飞机升力、飞机的冲击作用都可以用确定性的函数来描述，相应地，分析方法中也应该采用确定性振动分析求解方法。对于飞机-跑道相互作用系统，常用的确定性振动分析方法包括时变方法和非时变方法。

1. 时变方法

将机场跑道与飞机看成一个整体，消去飞机与跑道之间的相互作用力，系统的运动方程组包括两者所有的自由度，采用时域逐步积分法求解。

1) Newmark-β 法

Newmark-β 法只适用于离散时间点满足运动方程，且时间步长内加速度不变的情况。假定系统在 t_i 时间点的运动已知，且在时间段 $[t_i, t_{i+1}]$ 内加速度为常量 a，求系统在 t_{i+1} 时间点的运动。采用该方法对机场飞机-跑道多自由度体系进行求解的过程如下。

(1)准备基本数据，计算初始条件。

确定计算时间步长 Δt、参数 β、参数 γ 和积分常数。

$$\alpha_0 = \frac{1}{\beta \Delta t^2}, \quad \alpha_1 = \frac{\gamma}{\beta \Delta t}, \quad \alpha_2 = \frac{1}{\beta \Delta t}, \quad \alpha_3 = \frac{1}{2\beta} - 1, \quad \alpha_4 = \frac{\gamma}{\beta} - 1$$

$$\alpha_5 = \frac{\Delta t}{2}\left(\frac{\gamma}{\beta} - 2\right), \quad \alpha_6 = \Delta t(1-\gamma), \quad \alpha_7 = \Delta t \gamma$$

确定系统运动的初始值 $\{u\}_0$、$\{\dot{u}\}_0$ 以及 $\{\ddot{u}\}_0$。

(2)输入刚度矩阵 $[K]$、阻尼矩阵 $[C]$ 和质量矩阵 $[M]$。

(3)利用式(3.40)，得到等效刚度矩阵$[\hat{K}]$。

$$[\hat{K}] = [K] + \alpha_0[M] + \alpha_1[C] \tag{3.40}$$

(4)用式(3.41)，得到t_{i+1}时间点的等效刚度矩阵$\{\hat{P}\}_{i+1}$。

$$\{\hat{P}\}_{i+1} = \{P\}_{i+1} + [M]\left[\alpha_0\{u\}_i + \alpha_2\{\dot{u}\}_i + \alpha_3\{\ddot{u}\}_i\right]$$
$$+ [C]\left[\alpha_1\{u\}_i + \alpha_4\{\dot{u}\}_i + \alpha_5\{\ddot{u}\}_i\right] \tag{3.41}$$

(5)利用式(3.42)，求解t_{i+1}时间点的位移。

$$[\hat{K}]\{u\}_{i+1} = \{\hat{P}\}_{i+1} \tag{3.42}$$

(6)利用式(3.43)和式(3.44)，求解t_{i+1}时间点的加速度和速度。

$$\{\ddot{u}\}_{i+1} = \alpha_0(\{u\}_{i+1} - \{u\}_i) - \alpha_2\{\dot{u}\}_i - \alpha_3\{\ddot{u}\}_i \tag{3.43}$$

$$\{\dot{u}\}_{i+1} = \{\dot{u}\}_i + \alpha_6\{\ddot{u}\}_i + \alpha_7\{\ddot{u}\}_{i+1} \tag{3.44}$$

其中，对于线弹性体系应当重复循环计算步骤(4)～步骤(6)，而对于非线性体系应当循环计算步骤(2)～步骤(6)。需要特别注意的是，控制参数β、γ的选择将影响该方法的计算精度和稳定性。当且仅当$\gamma = 0.5$时，该方法才具有二阶精度，因此一般取$\gamma = 0.5$，$0 \leqslant \beta \leqslant 0.25$。

2)Wilson-θ法

假定机场飞机-跑道相互作用系统在时间段$[t_i, t_{i+1}]$内加速度呈线性变化，即可利用线性加速度法计算体系在$t_i + \theta\Delta t$时间点的运动，其中控制参数$\theta \geqslant 1$。然后采用内插计算求得运动体系在$t_i + \Delta t$时间点的运动。采用该方法对多自由度体系进行求解的步骤如下。

当$i=0$时，计算第0段数据。

(1)准备基本数据，计算初始条件，即确定系统运动的初始值$\{u\}_0$、$\{\dot{u}\}_0$、$\{\ddot{u}\}_0$、时间步长Δt和控制参数θ。

(2)输入刚度矩阵$[K]$、阻尼矩阵$[C]$和质量矩阵$[M]$。

(3)利用式(3.45)，得到等效刚度矩阵$[\hat{K}]$。

$$[\hat{K}] = [K] + \frac{6}{(\theta\Delta t)^2}[M] + \frac{3}{\theta\Delta t}[C] \tag{3.45}$$

(4) 利用式 (3.46)，得到 $t_i + \theta\Delta t$ 时间点的等效刚度矩阵 $\{\hat{P}\}_{t_i+\theta\Delta t}$ 。

$$\{\hat{P}\}_{t_i+\theta\Delta t} = \{P\}_i + \theta(\{P\}_{i+1} - \{P\}_i) + [M]\left[\frac{6}{(\theta\Delta t)^2}\{u\}_i + \frac{6}{\theta\Delta t}\{\dot{u}\}_i + 2\{\ddot{u}\}_i\right]$$

$$+ [C]\left(\frac{3}{\theta\Delta t}\{u\}_i + 2\{\dot{u}\}_i + \frac{\theta\Delta t}{2}\{\ddot{u}\}_i\right) \tag{3.46}$$

(5) 利用式 (3.47)，求解 $t_i + \theta\Delta t$ 时间点的位移。

$$[\hat{K}]\{u\}_{t_i+\theta\Delta t} = \{\hat{P}\}_{t_i+\theta\Delta t} \tag{3.47}$$

(6) 利用式 (3.48)～式 (3.50)，求解 t_{i+1} 时间点的加速度、速度和位移。

$$\{\ddot{u}\}_{i+1} = \frac{6}{\theta^3\Delta t^2}\left(\{u\}_{t_i+\theta\Delta t} - \{u\}_i\right) - \frac{6}{\theta^2\Delta t}\{\dot{u}\}_i + \left(1 - \frac{3}{\theta}\right)\alpha_3\{\ddot{u}\}_i \tag{3.48}$$

$$\{\dot{u}\}_{i+1} = \{\dot{u}\}_i + \frac{\Delta t}{2}\left(\{\ddot{u}\}_{i+1} + \{\ddot{u}\}_i\right) \tag{3.49}$$

$$\{u\}_{i+1} = \{u\}_i + \Delta t\{\dot{u}\}_i + \frac{\Delta t^2}{6}\left(\{\ddot{u}\}_{i+1} + 2\{\ddot{u}\}_i\right) \tag{3.50}$$

其中，需要特别注意的是，当控制参数 θ 足够大时，该算法稳定性良好，$\theta > 1.37$ 时，算法无条件稳定。

2. 非时变方法

非时变方法将机场跑道与飞机两个系统分离考虑，两系统的系数矩阵不随时间而改变，故建立的运动方程是非时变的。需要反复迭代计算至求解出满足两系统运动方程及飞机轮与跑道接触关系的动力响应。

1) 全过程迭代法

对飞机滑跑全过程中所有时间步内的响应进行迭代，在每一个迭代步中，分别单独求解跑道系统方程，并且假定每个飞机均是独立地在不平整跑道上滑跑。该方法计算步骤如下。

(1) 输入跑道和飞机的刚度矩阵、质量矩阵、阻尼矩阵数据，以及 $t=0$ 时刻的跑道和飞机的初始位移、初始速度和初始加速度，且令跑道的初始状态为静止。

(2) 计算跑道运动时程。

(3) 输入跑道不平整数据。

(4) 计算飞机轮对运动状态，并求解飞机振动方程。

(5)得到飞机轮与跑道间作用力以及飞机运动时程。

(6)进行算法收敛判断,若不收敛再求解跑道运动方程,即返回步骤(2),若算法收敛,则结束运算。

2)逐步迭代法

逐步迭代法与全过程迭代法的区别在于,全过程迭代法每步计算的振动方程是全时的,而逐步迭代法每一步计算的是单一时间步的。因此,逐步迭代法收敛判断条件也为在每一时刻飞机和跑道系统满足力平衡和变形协调方程。该方法计算步骤如下。

(1)输入跑道和飞机的刚度矩阵、质量矩阵、阻尼矩阵数据,以及 $t=0$ 时刻的跑道和飞机的初始位移、初始速度和初始加速度,且令跑道的初始状态为静止。

(2)根据计算时间步长和飞机滑跑速度确定飞机与跑道的相对位置关系。

(3)确定跑道与飞机之间相互作用力的计算参数。

(4)依据飞机跑道的相互作用协调方程,迭代求解跑道与飞机之间的相互作用力。

(5)得到作用于飞机上的相互作用力,形成飞机所受的外力矩阵。

(6)求解飞机振动方程,得到飞机的速度、位移和加速度。

(7)依据飞机和跑道的位移、速度和加速度迭代求解相互作用力。

(8)根据接触点上的平衡条件得到作用于跑道上的作用力,形成跑道所受的外力矩阵。

(9)求解跑道的振动方程,得到跑道的位移、速度和加速度。

(10)判断跑道的位移是否收敛,若未收敛则将跑道的位移作为初始条件返回步骤(3),若已收敛则计算飞机在跑道上的下一个位置返回至步骤(2),若无下一位置则输出跑道和飞机的位移、速度及加速度,以及其他振动结果,运算结束。

3.4.2　随机振动分析求解方法

跑道不平整激励对于飞机-跑道相互作用系统是随机激励,当飞机匀速滑跑时为平稳随机振动;而当飞机变速滑跑时为非平稳随机振动。随机振动分析方法包括时域方法和频域方法。

1. 时域方法

1)概率密度演化法

概率密度演化法通过引入随机参数,将在随机激励下的运动系统转换成参数随机的运动系统,但若引入的参数过多,将大大增加计算量,因此不适用于过于复杂的相互作用系统。对于飞机-跑道这类多自由度体系,该方法的计算步骤如下。

(1)引入随机变量,将在随机激励下的飞机-跑道相互作用系统转化为基于参数随机的运动系统：

$$M(\varTheta)\ddot{x} + C(\varTheta)x + f(\varTheta,x) = \varGamma G(\varTheta,t) \tag{3.51}$$

式中，M 和 C 分别为系统 $n \times n$ 的质量矩阵和阻尼矩阵；$\varGamma$ 为 $n \times r$ 的激励影响矩阵；f 为恢复力向量；G 为 r 阶激励向量；$\varTheta = (\varTheta_1, \varTheta_2, \cdots, \varTheta_s)$ 为随机参数。

(2)利用概率守恒原理推导系统响应的广义概率密度演化方程：

$$\int_{D_\mathrm{T}}^{0} p_\mathrm{Y}(y)\mathrm{d}y = \int_{D_\varTheta}^{0} p_\varTheta(\theta)\mathrm{d}\theta \tag{3.52}$$

(3)推导 $(Y, \varTheta)$ 联合密度函数为

$$p_{\mathrm{Y}\varTheta}(y,\theta,t) = \delta[y - H_\mathrm{Y}(\theta,t)]p_\varTheta(\theta) = \prod_{l=1}^{m} \delta[y_l - H_{\mathrm{Y},l}(\theta,t)]p_\varTheta(\theta) \tag{3.53}$$

(4)利用逐步积分法求解，得到系统响应的概率密度函数为

$$p_\mathrm{Y}(y,t) = \int_\varOmega^{0} p_{\mathrm{Y}\varTheta}(y,\theta,t)\mathrm{d}\theta \tag{3.54}$$

2)时域显式法

时域显式法通过建立动力响应的时域显式表达，可对响应进行降维处理，整个计算过程中只需要计算一次系数矩阵，避免了繁杂的积分计算，对于大型复杂系统的非线性随机振动问题求解具有较好的实用性和较高的计算效率。针对飞机-跑道多自由度体系，该方法的计算步骤如下。

(1)依据飞机-跑道相互作用系统运动方程，将系数矩阵与激励相乘得到系统响应关于激励的时域显式表达式为

$$V(t) = \mathrm{e}^{Ht}V(0) + \int_0^t \mathrm{e}^{H(t-\tau)}P(\tau)\mathrm{d}\tau \tag{3.55}$$

式中，e^{Ht} 为指数矩阵。

(2)利用闭合公式法或脉冲响应法计算系数矩阵，系数矩阵仅与结构参数有关，可反映结构参数对响应的影响。

(3)对响应的时域显式表达式进行矩阵运算得到响应的均值和方差。此外，还可结合蒙特卡罗法获取大量的响应样本数据，以得到更多的响应统计信息[25]。

2. 频域方法

目前在飞机滑跑随机振动频域分析方面的研究较少，且大多数都是针对起落

架单个系统模型的，有必要全面系统地分析飞机整机模型关键部位的振动功率谱响应特性。其中，由于虚拟激励法能将非平稳随机振动问题转化为确定性时程分析问题，在保证计算精度的前提下，极大地简化了随机振动分析问题的计算步骤。本书将重点介绍虚拟激励法的计算步骤。

虚拟激励法的核心是构造虚拟激励，以结构系统模态分析为桥梁，获得结构系统的虚拟响应，由结构系统虚拟振动响应量与其自身共轭乘积得到真实系统结构振动响应量统计特性。虚拟激励法并不需要直接测定实际激励和实际响应，而是利用假设的虚拟激励和获得的虚拟响应，通过简单的运算得到实际激励和实际响应的互功率谱密度、实际响应的自功率谱密度，从而可以非常方便地求解响应的自谱矩阵、互功率谱密度与自功率谱密度矩阵关系式，具体步骤如下。

(1) 构造虚拟激励 $\tilde{x}(f,t) = \sqrt{S_x(f)}e^{j2\pi ft}$。

(2) 根据系统的频率响应函数，获取虚拟激励对应的虚拟响应函数 $\tilde{y}(f,t) = H(f)\sqrt{S_x(f)}e^{j2\pi ft}$。

(3) 依据实际响应激励和虚拟响应激励的关系，推导实际响应自功率谱密度函数、实际激励与实际响应互功率谱密度函数的基本公式为

$$S_{y(f)} = \tilde{y}^*(f,t)\tilde{y}(f,t) \tag{3.56}$$

$$S_{yx(f)} = \tilde{y}^*(f,t)\tilde{x}(f,t) \tag{3.57}$$

$$S_{xy(f)} = \tilde{x}^*(f,t)\tilde{y}(f,t) \tag{3.58}$$

式中，带"*"的为共轭函数，带"～"的为虚拟函数。

式(3.56)~式(3.58)的巧妙之处在于虚拟激励因子 $e^{j2\pi ft}$ 与自身共轭函数相乘后抵消，通过虚拟激励法求解多自由度下飞机滑跑频域动力学响应可简化运算，达到事半功倍的效果。

飞机系统包含多个起落架，飞机在跑道上滑跑受多点不平整激励，设飞机结构系统受到平稳随机激励 $\{x(t)\} = \{x_1(t), x_2(t), \cdots, x_m(t)\}^T$ 作用，不平整激励功率谱密度矩阵可分解为

$$[S_x(f)] = \sum_{I=1}^{m} \lambda_I \{\varphi\}_I \{\varphi\}_I^{*T} \tag{3.59}$$

式中，λ_I 为功率谱密度矩阵 $[S_x(f)]$ 的特征值，其对应的特征向量 $\{\varphi\}_I \{\varphi\}_I^{*T}$ 为其共轭矩阵。

由每个特征值 λ_I 和对应的单位特征向量 $\{\varphi\}_I$，可构造与激励 $\{x(t)\}$ 对应的虚

拟激励，如式(3.60)~式(3.62)所示。

$$\{\tilde{x}(f,t)\}_I = \{\varphi\}_I^* \tilde{x}(f,t)_I \tag{3.60}$$

$$\tilde{x}(f,t)_I = \sqrt{\lambda_I} e^{j2\pi ft} \tag{3.61}$$

$$\{\tilde{x}(f,t)\}_I = \{\tilde{x}_1(f,t)_I, \tilde{x}_2(f,t)_I, \cdots, \tilde{x}_m(f,t)_I\}^T, \quad I = 1, 2, \cdots, m \tag{3.62}$$

因此，若将式(3.60)中$\{\varphi\}_I^*$看作真实激励向量与单个激励$x(t)_I$之间的频率响应，将λ_I看作单个激励$\{\tilde{x}(f,t)\}_I$的功率谱密度，将$\{\tilde{x}(f,t)\}_I$作为上述的平稳随机激励，则可按照式(3.56)~式(3.58)的虚拟激励法进行飞机滑跑多点激励下的随机振动分析。

3.4.3 机场跑道系统振动分析求解方法比选

综上分析，本书列出了针对不同振动类型分析求解方法的特点，见表 3.13。通过对比，机场飞机-跑道相互作用系统在确定性振动下(如升力作用引起)的分析求解方法优先推荐时变法，避免了复杂的迭代计算，具有较高的计算效率和精度。对于飞机-跑道相互作用系统在随机振动下(如不平整激励下)分析求解方法，优先推荐频域方法，如虚拟激励法，它能较好地反映相互作用系统振动特性，物理意义明确，可保障一定的求解效率和精度。

表 3.13 系统振动分析求解方法比选

系统振动类型	求解方法	特点	推荐方法
确定性振动	时变法	运动方程系数矩阵非对称性，系统同时求解，无须迭代计算，计算时间步长较小	时变法
	非时变法	系数矩阵对称，子系统振动方程分开迭代求解，时间步长较大	
随机振动	时域法	可得到系统振动特征变化的具体时间点，大多采用时域积分计算	虚拟激励法
	频域法	较准确地反映系统振动特征变化及其原因、无须解特征根	

参 考 文 献

[1] 刘晶波, 杜修力, 李宏男, 等. 结构动力学[M]. 北京: 机械工业出版社, 2005.

[2] 刘诗福, 凌建明, 杨文臣, 等. 刚性路面弯沉盆平均距离反演方法及综合分析[J]. 中国公路学报, 2018, 31(8): 74-81.

[3] 凌建明, 刘诗福, 袁捷, 等. 采用 IRI 评价机场道面平整度的适用性[J]. 交通运输工程学报, 2017, 17(1): 20-27.

[4] 张望喜, 王雄, 曹亚栋. 双参数地基上自由板动力特性解析计算与讨论[C]//第 27 届全国结构工程学术会议论文集(第Ⅱ册). 西安:《工程力学》杂志社, 2018.

[5] 马宪永. 随机荷载作用下沥青路面力学响应理论求解与监测方法研究[D]. 哈尔滨: 哈尔滨工业大学, 2019.

[6] 刘诗福. 飞机滑跑随机振动动力学响应及跑道平整度评价[D]. 上海: 同济大学, 2019.

[7] 中国民用航空局. MH/T 5010—2017　民用机场沥青道面设计规范[S]. 北京: 中国民航出版社, 2017.

[8] 中华人民共和国交通运输部. JTG D50—2017　公路沥青路面设计规范[S]. 北京: 人民交通出版社, 2017.

[9] Unified Facilities Criteria. UFC 3-260—02 Pavement Design for Airfields[S]. Washington DC: Air Force Civil Engineer Support Agency, 2001.

[10] US Department of Transportation, Federal Aviation Administration. Airport Pavement Design and Evaluation AC No: 150/5320-6D[S]. Washington DC: US Government Publishing Office, 1995.

[11] American Association of State Highway and Transportation Officials. Mechanistic-Empirical Pavement Design Guide: A Manual of Practice[M]. 3rd ed. New York: S&P Global, 2020.

[12] 美国沥青协会. 运输机场沥青道面的厚度设计[M]. 冯克鑫, 译. 北京: 中国民航设计院, 1993.

[13] US Department of Transportation, Federal Aviation Administration. Operational Life of Airport Pavements(DOT/FAA/AR-04/46)[S]. Washington DC: Office of Aviation Research, 2004.

[14] 翁兴中, 孙建斌. 军用机场沥青混凝土道面交通量换算[J]. 公路, 2003, 6: 82-86.

[15] Marshall R T, Navneet G. Wheel load interaction: Critical airport pavement responses[R]. Urbana-Champaign: University of Illinois at Urbana-Champaign, 1999.

[16] 张哲恺. 跑道平整度评价标准适用性研究——考虑飞机滑跑动力响应叠加效应[D]. 上海: 同济大学, 2020.

[17] 黄仰贤. 路面分析与设计[M]. 北京: 人民交通出版社, 1994.

[18] 韦金城, 崔世萍, 胡家波. 沥青混合料动态模量研究[J]. 建筑材料学报, 2008, 11(6): 657-661.

[19] 王旭东, 沙爱民, 许志鸿. 沥青路面材料动力特性与动态参数[M]. 北京: 人民交通出版社, 2002.

[20] 赵延庆, 薛成, 黄荣华. 沥青混合料抗压回弹模量与动态模量比较分析[J]. 武汉理工大学学报, 2007, 29(12): 105-107.

[21] 闫启琨. 复杂起落架荷载作用下沥青道面结构动态响应规律[D]. 上海: 同济大学, 2011.

[22] 王旭东. 沥青路面材料动力特性与动态参数研究[M]. 南京: 东南大学出版社, 1998.

[23] Zhong X G, Zeng X, Rose J G. Shear modulus and damping ratio of rubber-modified asphalt mixes and unsaturated subgrade soils[J]. Journal of Materials in Civil Engineering, 2002, 14(6):

496-502.

[24] 廖公云, 黄晓明. ABAQUS 有限元软件在道路工程中的应用[M]. 南京: 东南大学出版社, 2008.

[25] 吴珍珍. 车桥耦合系统非线性随机振动时域显式方法研究[D]. 广州: 华南理工大学, 2020.

第4章 机场跑道系统动力学虚拟样机-有限元联合仿真方法

道基-道面-飞机-环境动力学相互作用系统自由度多、非线性强，传统动力学解析方法难以精细化建模，计算效率较低。近年来，基于 ADAMS/Aircraft 平台的飞机虚拟样机技术发展迅速，可以精细化构建集起落架、轮胎、机身于一体的飞机整机模型，在飞机滑跑、起降等地面运动仿真方面具有明显优势。同时，以 ABAQUS 为代表的三维大型有限元平台可以分析复杂边界条件和动态荷载作用，并可以考虑材料非线性、几何非线性、接触非线性等因素。因此，率先建立了多种典型飞机虚拟样机模型，提出虚拟样机-有限元联合仿真方法，实现飞机-跑道空间耦合模型的精细化动力学响应解析，为庞大、复杂、非线性的跑道系统动力学分析提供有效手段。

4.1 飞机虚拟样机动力学仿真方法

4.1.1 ADAMS/Aircraft 平台

ADAMS 是一种成熟的机械系统动力学自动分析软件，可以减少昂贵、耗时的物理样机试验，提高产品设计水平，缩短产品开发周期和开发成本，同时也为虚拟机械系统的运动学和动力学分析提供了有效工具。ADAMS/Aircraft 模块专门用于构建起落架及飞机虚拟样机，同时可以进行滑跑、降落等分析。此外，通过 MATLAB、NASTRAN、CATIA 等软件进行协同仿真或编写用户子程序的方式，可以实现飞机构件的快速建模、复杂操控系统的精细化仿真和刚柔系统分析等功能。

ADAMS 程序采用 Lagrange 乘子法建立系统运动方程，在进行动力学分析之前会自动进行初始条件分析，以便使初始系统模型中各部件的坐标和运动约束达成协调。ADAMS 建立的动力学方程一般为隐式非线性微分代数混合方程，适用于 Gear 预测校正算法，求解过程中使用的积分器包括刚性积分器和柔性积分器两种，分别用来模拟刚性系统和非刚性系统。

ADAMS/Aircraft 为飞机全寿命分析提供了一种标准化工具，不仅可用于飞机的设计和制造，还可用于已有飞机性能的测试和评价。因此，可针对常用机型建立其数字化虚拟样机模型,并将其应用于飞机地面运动荷载的分析。该方法经济、可靠,可以较小的代价获得不同机型在多种工况下的地面动载特征。ADAMS 软件包括核心模块 ADAMS/View 和 ADAMS/Solver,以及其他扩展模块。

ADAMS/View(界面模块)是以用户为中心的交互式图形环境,它可提供丰富的零件几何图形库、约束库和力库,将便捷的图标操作、菜单操作、鼠标点取操作与交互式图形建模、仿真计算、动画显示、优化设计、X-Y 曲线图处理、结果分析和数据打印等功能集成在一起。

ADAMS/Solver(求解器)是 ADAMS 软件的仿真"发动机",它自动形成机械系统模型的动力学方程,提供静力学、运动学和动力学的解算结果。ADAMS/Solver 有各种建模和求解选项,以便精确有效地解决各种工程问题。

ADAMS/Aircraft 是 ADAMS 软件中的一个扩展模块,是 MSC 公司在 ADAMS 软件基础上开发的专门用于飞机动态性能分析的模块,它可以实现全机着陆和滑跑模拟。用户可以使用该模块建立、测试和完善整个飞机及起落架的功能虚拟原型。这有助于缩短飞机研发周期,降低开发成本和风险,并有效提升设计质量。数字化飞机包含四个子模块:飞行控制、发动机、起落架、机载/携物模块,如图 4.1 所示;包含两种模式:标准模式(standard mode)、专家模式(template builder Mode)。在 Aircraft 环境下能够建立全机系统及其子系统的虚拟样机模型,并且利用虚拟样机进行子系统仿真或全机仿真,其过程就像建造真实的物理样机进行试验分析一样。ADAMS/Aircraft 模块中的模型结构包括以下几个方面。

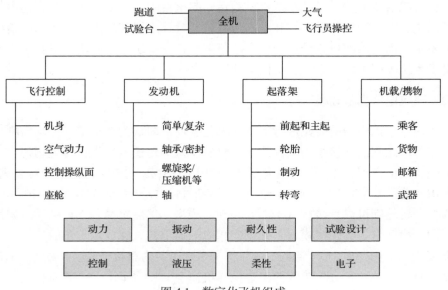

图 4.1　数字化飞机组成

　　(1)构件(link)。子系统的基本创建模块既包括硬点、框架体、刚体、柔性体、刚性和柔性连接，也包括空气弹簧力、油液支柱力、激励、机轮以及状态变量等。ADAMS/Aircraft 的大多数构件可通过对话框输入和属性文件两种方式来定义参数和属性。

　　(2)模板(template)。模板是仿真模型最初存在的物理状态，是为子系统建立和服务的(模板文件不能直接用于仿真)，对模板文件的创建和修改需要在专家模式(template builder mode)下进行。

　　(3)子系统(subsystem)。子系统是基于模板建立的，用户在标准模式(Standard Mode)下调用模板文件建立子系统。

　　(4)通信器(communicator)。通信器主要用于各子系统之间交换信息，包括输入通信器和输出通信器。根据通信器的连通性，子系统中的每个输入通信器分别对应一个其他子系统中的输出通信器。在装配过程中，ADAMS/Aircraft 可自动匹配通信器，并组装成装配体，使用方便。

　　(5)试验台(test rig)。用来存储仿真控制器和测试设备结构。如全机仿真试验台(MDI_AIRCRAFT_TESTRIG)、起落架动态仿真试验台(MDI_LG_DYN_TESTRIG)、起落架结构试验台(MDI_LG_STR_TESTRIG)等。试验台在仿真分析过程中对仿真参数、过程进行控制，但通常情况下试验台参数是不能修改的。

　　(6)装配体(Assembly)。仿真装配体可直接用于仿真分析，由一个或多个子系统和试验台组成。例如，机轮装配体，仅包含一个机轮子系统；起落架结构装配体，包含起落架悬挂子系统和结构试验台；起落架动力学装配体，包含起落架悬挂子系统、相应的机轮子系统和动态仿真试验台；全机装配体，包含前起落架悬挂子系统、前起落架机轮子系统、主起落架悬挂子系统、主起落架机轮子系统、机身子系统等基本的子系统和全机仿真试验台。

4.1.2　飞机虚拟样机建模

　　在建立整机模型前需先进行一定的简化假设，即认为所有零部件均为刚体，且将零部件之间的连接视为刚性连接。整机模型的建模流程为：首先构建飞机各子系统的几何模型，由于机身较为复杂，利用 ADAMS 的三维建模功能难以完成，故采用专业的 CAD 软件 CATIA 绘制机身后通过接口导入至 ADAMS/Aircraft。而起落架和机轮则可以直接在 ADAMS 中建立模型。然后定义各部件的质量属性、运动副、力元素等，生成模板，并创建相应的通信器。完成以上步骤后，跳转到标准模式，使用模板生成子系统，最后将子系统组装为整机模型。本书建立 B737、B757、B787、B777、B747 等典型虚拟样机模型[1-5]，下面以 B737-800 为例，对虚拟样机模型的建立过程进行详细介绍。

1. 三维几何模型的构建

1) 机身

对飞机进行三维几何建模时需先了解飞机的几何尺寸。查阅波音公司提供的飞机设计手册得到 B737-800 的部分几何尺寸见表 4.1，B737-800 三视图如图 4.2 所示。

机身结构复杂，包括机舱、机翼、尾翼、发动机等形状不规则构件，利用 ADAMS 软件中的三维建模功能难以满足需求，因此利用专业的 CAD 建模软件 CATIA 建立机身的三维几何模型。利用 CATIA 建立的 B737-800 机身模型如图 4.3 所示。

2) 起落架

起落架是飞机起飞、着陆、滑跑、地面移动和停放所必需的支持系统，是飞机的主要部件之一。起落架具有承力兼操纵功能，在飞机的安全起降过程中发挥着极其重要的作用。根据结构组成和受力情况对飞机起落架型式进行分类，见表 4.2。

综合考虑模型建立的难易程度及适用性，选用撑杆支柱式起落架。模型部件主要包括上下外筒、撑杆、上扭力臂、下扭力臂和轮轴等，在 ADAMS 中选择新建普通部件(General Part)，设置几何类型为连接(link)，并选取事先建立好的硬点(hardpoint)作为定位参照点，进而设置半径等几何尺寸。图 4.4 所示为飞机的起落架几何模型，包括前起落架和主起落架。

表 4.1　B737-800 部分几何尺寸

参数	尺寸/m	参数	尺寸/m
机长	40.67	机身底部距地面高度	1.52
翼展	35.79	发动机底部距地面高度	0.6
前起落架与机头距离	4.09	发动机与机身中轴线距离	4.83
前主起落架间距	15.6	发动机与机头距离	14.73
主起落架间距	5.72	前起落架总长	1.18
前起落架轮距	0.41	主起落架总长	0.95
主起落架轮距	0.86	前机轮半径	0.34
机头距地面高度	2.88	主机轮半径	0.57

注：将机身底面视作水平，认为起落架与地面垂直并忽略机身内长度，起落架总长由机身底部距地面高度和机轮半径反算得到。

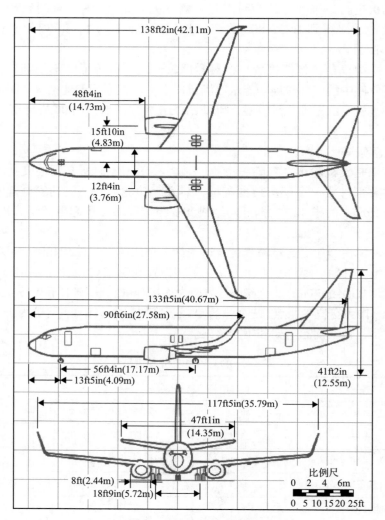

图 4.2　B737-800 三视图

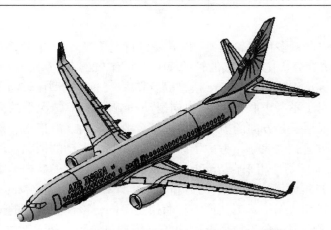

图 4.3　利用 CATIA 建立的 B737-800 机身模型

表 4.2　起落架结构形式分类及优缺点

起落架结构形式	简介	优点	缺点	应用
构架式	由杆系构成空间桁架结构	构造简单	不可收放、阻力大	低速轻型飞机、直升机
简单支柱式	主要受力构件为减振支柱(减振器与受力支柱为一体)	结构简单,传力直接;抗压和抗弯性能好	受到垂直撞击时会产生附加弯矩;减振器气压较易受到限制,行程较大,支柱较长	起落架较长,跑道表面情况较好
撑杆支柱式	在减振支柱中部加一撑杆,大大减小支柱上端的弯矩			
摇臂支柱式	减振器与受力支柱分开	减振器气压大,行程较小,支柱短	结构复杂,协调关系多	起落架高度较小,跑道表面情况较差
外伸式	减振器与受力支柱分开,且支柱外伸,增大轮距	克服起落架较长、较重和难以收藏等困难	支柱弯矩很大,收放机构复杂	多用于战斗机

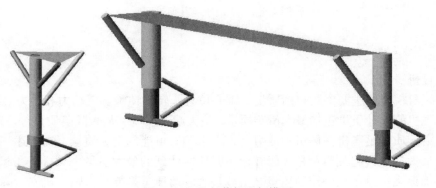

图 4.4　飞机起落架几何模型

3）机轮

ADAMS中自带多种机轮模型，只需要自行设置半径即可改变机轮的几何尺寸。目前用于仿真分析比较成熟的轮胎模型主要有Fiala模型、UA模型、Smithers模型、Magic Formula模型和FTire模型等。其中，Fiala模型比较简单，但回正力矩误差较大，对于不考虑联合滑动（纵向滑动和侧向滑动）情况下的侧向力计算精度尚可。UA模型是各方向的力和力矩由耦合的侧偏角、滑移率、外倾角及垂直方向变形等参数显式的表达，考虑了纵向滑动和侧向滑动的情况，回正力矩的精度较高。Smithers模型使用来自Smithers Scientific Services的数据计算侧向力和回正力矩，使用Fiala模型计算其余的力和力矩，计算精度较高。Magic Formula模型的函数表达式和数据格式与其他的轮胎模型不同，该模型所有的函数、公式只用正弦和余弦这两个三角函数来表达。FTire模型将轮胎当作柔性体来处理，考虑了轮胎各个方向的变形和受力情况，可用于各种铺面（平整铺面或不平整铺面）情况下的整车平顺性和其他动力学仿真分析。

综合考虑轮胎模型的适用性以及与ADAMS/Aircraft软件的兼容性，选用Fiala轮胎模型。需要注意的是，需要对机轮转轴与起落架轮轴之间的连接进行定义，选择约束的类型为旋转（revolute）。图4.5所示为飞机的机轮几何模型，包括前机轮和主机轮。

图 4.5　飞机的机轮几何模型

2. 定义模板参数

1）机身

机身模板的主要参数包括质量、重心位置、转动惯量、气动力和推力。

飞机的设计质量包括最大滑跑质量、最大起飞质量和最大降落质量等。其中，最大滑跑质量是飞机在停机坪或滑行道上滑跑时可能的最大质量，在上述三种质量中最大。最大起飞质量是飞机在起飞时所能达到的最大质量，飞行员在起飞前需要确保飞机总重在该控制质量之下。最大降落质量是能够保障飞机安全降落的最大质量，在三种质量中最小。飞机只有在起飞或降落时才会在跑道上高速滑跑，因此本书进行仿真分析所采用的飞机质量为后两种。查询波音公司飞机设计手册，得到 B737-800 的最大起飞质量和最大降落质量分别为 78245kg 和 65317kg。

飞机的重心位置决定了飞机的运动状态、平衡性、稳定性和操纵性，是仿真分析中非常重要的一项原始计算指标。在飞机的滑跑和飞行过程中，由于燃油的消耗、起落架收放等因素，飞机的重心一直在变化，变化范围位于重心包络线内。在飞机滑跑仿真分析中，由于历时较短，可以将重心位置近似视为不变，与飞机静止时的重心位置相同。根据波音公司飞机设计手册给出的飞机起落架轴距和主起落架质量分配系数，可以计算出飞机重心的水平位置。例如，B737-800 的主起落架质量分配系数为 93.6%，则可以计算出飞机重心与前起落架的水平间距为 15.6m×93.6%=14.6m。

飞机的转动惯量是飞机做转动运动时惯性的度量，是飞机固有的质量特性参数，其大小取决于飞机的质量分布以及转动运动时所对应的转轴位置。波音公司飞机设计手册中未给出每种机型的转动惯量，刘孟诏从飞机质量预估的实际工作出发[6]，根据统计资料分析给出了飞机转动惯量估算的经验公式如下：

$$I_x = M\left(\frac{b^2}{78} + \frac{H^2}{33}\right)$$

$$I_y = M\left(\frac{L^2}{29} + \frac{H^2}{33}\right) \tag{4.1}$$

$$I_z = M\left(\frac{L^2}{29} + \frac{b^2}{78}\right)$$

式中，I_x、I_y、I_z 分别为相对飞机中心惯性主轴系三个坐标轴 x、y、z 的惯性矩，$kg \cdot m^2$；M 为飞机质量，kg；b 为飞机机翼展长，m；H 为机身最大切面高度，m；L 为飞机机身总长，m。

根据式(4.1)计算得到 B737-800 的转动惯量，见表 4.3。

表 4.3　B737-800 转动惯量[6]

机型	$I_x/(kg \cdot m^2)$	$I_y/(kg \cdot m^2)$	$I_z/(kg \cdot m^2)$
B737-800	1376816	2503989	3759766

机身和机翼是飞机在滑跑和飞行过程中受到气动力作用的主要部位，需要在机身模板中定义气动力参数。考虑三维空间的六自由度(即沿三轴方向的平动和绕三轴的转动)，飞机受到的气动力主要包括升力、阻力、俯仰力矩、横向力、偏航力矩以及滚转力矩，各力的表达式依次如式(4.2)～式(4.7)所示。本书研究飞机起飞和着陆时在跑道上高速滑跑时的运动状态，假设飞机沿跑道方向做直线运动，

当机翼存在迎角时会受到升力和阻力，但其合力一般不通过质心，因而会产生绕质心的纵向力矩。不考虑飞机的横向、偏航及滚转运动，只要考虑其中前三个力（或力矩）即可。

$$L = \frac{1}{2}\rho v^2 S C_l \tag{4.2}$$

$$D = \frac{1}{2}\rho v^2 S C_d \tag{4.3}$$

$$M_{ya} = \frac{1}{2}\rho v^2 S l C_{ml} \tag{4.4}$$

$$F_{ya} = \frac{1}{2}\rho v^2 S C_{y\beta}\beta \tag{4.5}$$

$$M_{za} = \frac{1}{2}\rho v^2 S l_A C_{n\beta}\beta \tag{4.6}$$

$$M_{xa} = \frac{1}{2}\rho v^2 S l_A C_{l\beta}\beta \tag{4.7}$$

式中，ρ 为空气密度；v 为飞机滑跑速度；S 为机翼面积；l 为飞机的平均气动弦长；l_A 为翼展宽度；β 为飞机侧滑角；C_l、C_d、C_{ml}、$C_{y\beta}$、$C_{n\beta}$ 和 $C_{l\beta}$ 为相关的气动力系数。平均气动弦长采用式(4.8)来计算：

$$l = \frac{2}{S}\int_0^{\frac{b}{2}} b^2 \mathrm{d}y \tag{4.8}$$

式中，S 为机翼面积；b 为剖面弦长；y 为翼展方向上的坐标。

在 ADAMS/Aircraft 中飞机的气动力通过.aer 格式文件定义，需要输入飞机的机翼参考面积(SREF)、翼展(SPAN)、气动弦长(MAC)，以及飞机不同角度下的气动力系数，由软件在仿真过程中自动计算气动力。B737-800 气动力计算参数见表 4.4。气动力定义文件(.aer)界面如图 4.6 所示。

气动力系数可根据飞机构型、外形参数、攻角、操纵面参数及偏转角等通过经验公式拟合计算。飞机的气动力系数随迎角变化，且在满足飞机规定的起飞速度时可以离地。同时，对首尾两端做手动调整，防止飞机的无限抬头造成翻转。B737-800 的升力系数随攻角的变化曲线如图 4.7 所示。

表 4.4　B737-800 气动力计算参数

机型	机翼参考面积/ft²	翼展/m	气动弦长/m	展弦比
B737-800	1341	35.79	3.79	9.45

```
$---------------------------------------------------------------MDI_HEADER
[MDI_HEADER]
 FILE_TYPE     =  'aer'
 FILE_VERSION  =  4.0
 FILE_FORMAT   =  'ASCII'
(COMMENTS)
(comment_string)
'MACH IS <0.3.  Density~ lbm/inch^3. alpha-dot-deg/sec. cmalphadot*alphadot=cm'
$--------------------------------------------------------------------UNITS
[UNITS]
 LENGTH   =  'inch'
 FORCE    =  'pound_force'
 ANGLE    =  'degrees'
 MASS     =  'pound_mass'
 TIME     =  'second'
$-------------------------------------------------------------TYPE_OF_FILE
$aircraft aerodynamics is an aerodynamics type 1 file
[TYPE_OF_FILE]
FILE_TYPE = 1
$-----------------------------------------------------------VEL_THRESHOLDS
[VEL_THRESHOLDS]
VEL_ZERO_FORCE = 50.
VEL_FULL_FORCE = 100.
$-----------------------------------------------------------AERO_CONSTANTS
[AERO_CONSTANTS]
LIFT_AREA     = 191505.6
DRAG_AREA     = 191505.6
SIDE_AREA     = 191505.6
PITCH_LENGTH  = 171.6
PITCH_AREA    = 191505.6
ROLL_LENGTH   = 1416
ROLL_AREA     = 191505.6
YAW_LENGTH    = 1416
YAW_AREA      = 191505.6
$--------------------------------------------------------------ARRAY_SIZES
$ max value is 9
[ARRAY_SIZE]
BETA_NUM   = 7.0
$------------------------------------------------------PITCH_DAMPING_COEFFS
[PITCH_MOM_COEFF_ALPHADOT]
CM_ALPHADOT = 0
[PITCH_MOM_COEFF_Q]
CM_Q = 0
$------------------------------------------------------MINIMUM_ARRAY_SIZES
$ Because of the requirements of the splines that hold the aerodynamics data,
$ each data block that has rows of data that correspond to a series of alpha
$ values must have at least four rows. Similarly, a minimum of two columns
$ and a maximum of nine columns in those data blocks, which each correspond
$ to a value of beta, is required.
$ Also, for a constant value of a coefficient beyond the end of the alpha range,
$ four identical coefficient values at the extremes of the alpha range are
$ required.  See the ends of the lift coefficient curves as examples.
```

```
$---------------------------------------------------------------BETA_ARRAY
[BETA_ARRAY]
{beta}
 -20.
 -10.
  -5.
   0.
   5.
  10.
  20.
$----------------------------------------------------------LIFT_COEFF_CURVE
[LIFT_COEFF_CURVE]
{alpha  clbeta1 clbeta2 clbeta3 clbeta4 clbeta5 clbeta6 clbeta7 clbeta8 clbeta9}
-20.0   0.0000  0.0000  0.0000  0.0000  0.0000  0.0000  0.0000  0.0000  0.0000
-15.0  -0.5000 -0.5000 -0.5000 -0.5000 -0.5000 -0.5000 -0.5000  0.0000  0.0000
-10.0  -0.7000 -0.7000 -0.7000 -0.7000 -0.7000 -0.7000 -0.7000  0.0000  0.0000
 -5.0   0.0000  0.0000  0.0000  0.0000  0.0000  0.0000  0.0000  0.0000  0.0000
 -4.0   0.1400  0.1400  0.1400  0.1400  0.1400  0.1400  0.1400  0.0000  0.0000
 -3.0   0.2800  0.2800  0.2800  0.2800  0.2800  0.2800  0.2800  0.0000  0.0000
 -2.0   0.4200  0.4200  0.4200  0.4200  0.4200  0.4200  0.4200  0.0000  0.0000
 -1.0   0.5600  0.5600  0.5600  0.5600  0.5600  0.5600  0.5600  0.0000  0.0000
  0.0   0.7000  0.7000  0.7000  0.7000  0.7000  0.7000  0.7000  0.0000  0.0000
  1.0   0.8400  0.8400  0.8400  0.8400  0.8400  0.8400  0.8400  0.0000  0.0000
  2.0   0.9800  0.9800  0.9800  0.9800  0.9800  0.9800  0.9800  0.0000  0.0000
  3.0   1.1200  1.1200  1.1200  1.1200  1.1200  1.1200  1.1200  0.0000  0.0000
  4.0   1.2600  1.2600  1.2600  1.2600  1.2600  1.2600  1.2600  0.0000  0.0000
  5.0   1.4000  1.4000  1.4000  1.4000  1.4000  1.4000  1.4000  0.0000  0.0000
  6.0   1.5400  1.5400  1.5400  1.5400  1.5400  1.5400  1.5400  0.0000  0.0000
  7.0   1.6800  1.6800  1.6800  1.6800  1.6800  1.6800  1.6800  0.0000  0.0000
  8.0   1.8200  1.8200  1.8200  1.8200  1.8200  1.8200  1.8200  0.0000  0.0000
  9.0   1.9600  1.9600  1.9600  1.9600  1.9600  1.9600  1.9600  0.0000  0.0000
 10.0   2.1000  2.1000  2.1000  2.1000  2.1000  2.1000  2.1000  0.0000  0.0000
 11.0   2.2400  2.2400  2.2400  2.2400  2.2400  2.2400  2.2400  0.0000  0.0000
 12.0   2.3800  2.3800  2.3800  2.3800  2.3800  2.3800  2.3800  0.0000  0.0000
 13.0   2.5200  2.5200  2.5200  2.5200  2.5200  2.5200  2.5200  0.0000  0.0000
 14.0   2.6600  2.6600  2.6600  2.6600  2.6600  2.6600  2.6600  0.0000  0.0000
 15.0   0.5000  0.5000  0.5000  0.5000  0.5000  0.5000  0.5000  0.0000  0.0000
 20.0   0.0000  0.0000  0.0000  0.0000  0.0000  0.0000  0.0000  0.0000  0.0000
$-----------------------------------------------------PITCH_MOM_COEFF_CURVE
[PITCH_MOM_COEFF_CURVE]
{alpha  cmbeta1 cmbeta2 cmbeta3 cmbeta4 cmbeta5 cmbeta6 cmbeta7 cmbeta8 cmbeta9}
-20.0     0.2985  0.2985  0.2985  0.2985  0.2985  0.2985  0.2985  0.0     0.0
-15.0     0.2985  0.2985  0.2985  0.2985  0.2985  0.2985  0.2985  0.0     0.0
-10.0     0.2985  0.2985  0.2985  0.2985  0.2985  0.2985  0.2985  0.0     0.0
 -5.0     0.1493  0.1493  0.1493  0.1493  0.1493  0.1493  0.1493  0.0     0.0
 -4.0     0.1194  0.1194  0.1194  0.1194  0.1194  0.1194  0.1194  0.0     0.0
 -3.0     0.0896  0.0896  0.0896  0.0896  0.0896  0.0896  0.0896  0.0     0.0
 -2.0     0.0597  0.0597  0.0597  0.0597  0.0597  0.0597  0.0597  0.0     0.0
 -1.0     0.0299  0.0299  0.0299  0.0299  0.0299  0.0299  0.0299  0.0     0.0
  0.0     0.0000  0.0000  0.0000  0.0000  0.0000  0.0000  0.0000  0.0     0.0
  1.0    -0.0299 -0.0299 -0.0299 -0.0299 -0.0299 -0.0299 -0.0299  0.0     0.0
  2.0    -0.0597 -0.0597 -0.0597 -0.0597 -0.0597 -0.0597 -0.0597  0.0     0.0
```


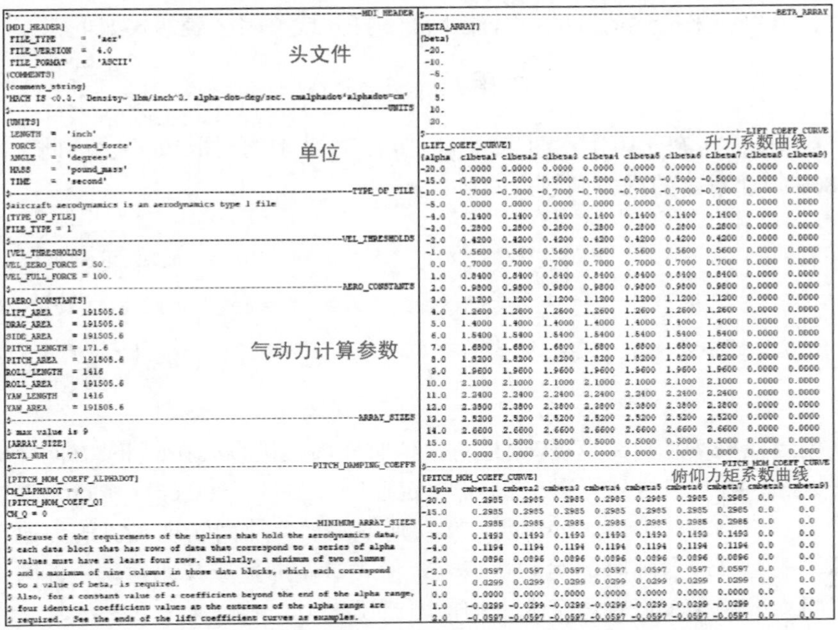

图 4.6　气动力定义文件(.aer)界面

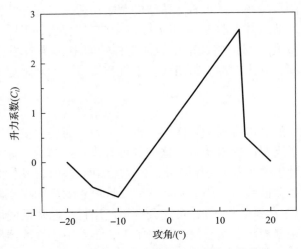

图 4.7　B737-800 升力系数随攻角的变化曲线

飞机机身推力用以维持不同的飞机运动状态。在 ADAMS/Aircraft 中，当仿真机型在跑道上滑跑时会受到气动力阻力以及轮胎-地面的接触摩擦力，使飞机受到向后的合力作用。因此，为了使飞机保持匀速滑跑，应当设置一个向前的推力，力的大小与向后的阻力合力相等。向后的阻力不是一个定值，因此通过 ADAMS/Aircraft 中的 STEP 函数来定义机身推力。STEP 函数是一个阶跃性的过渡函数，可以用来描述荷载的上升或下降、打开或关闭，表达式如下：

$$\text{STEP}(q, q_1, f_1, q_2, f_2) \tag{4.9}$$

其语法规则是：q 在 q_1 范围内时取值 f_1，q 在 q_2 范围内时取值 f_2。因此，设置使 B737-800 匀速滑跑的推力函数式如下：

```
STEP(SQRT((VARVAL(._B737_800.ues_cg_velocity.x_translation))**2+
(VARVAL(._B737_800.ues_cg_velocity.y_translation))**2)-VARVAL(._
B737_800.cg_velocity),-0.1,VARVAL(._B737_800.max_thrust),0,0)
```

$$\tag{4.10}$$

其含义为当飞机实际滑跑速度（通过对单位时间内飞机重心在 x 和 y 方向坐标位移先求平方和，再开根号计算得出）小于恒定速度（._B737_800.cg_velocity）时，对其施加推力（._B737_800.max_thrust），反之则不施加，从而实现飞机的匀速滑跑。当模拟飞机起飞或着陆时的运动状态时，使飞机做加速或减速运动，此时可以忽略飞机阻力的变化，设置恒定大小的推力或反推力。

2）起落架

起落架内部的缓冲系统承担着起落架的基本功能——缓冲消能。现代飞机基本采用油气式缓冲器，其来源于 Sealey 等在 1975 年提出的发明专利。对缓冲器模型进行适当的简化，可以将起落架缓冲支柱轴向力 F_s 看作发生在一对圆柱副（内筒与外筒）之间，并由四部分力组成：空气弹簧力、油液阻尼力、结构限制力和摩擦力。

（1）空气弹簧力。

在飞机与地面的撞击过程中，作用于机轮上的地面反力使缓冲系统发生变形做功，从而吸收了飞机的撞击功量。这部分可看作一个弹簧，称为空气弹簧力。空气弹簧力的设计思想为：在初始阶段，空气压缩曲线随行程增加较平缓地上升；当超过使用行程后，曲线可急剧上升。这种设计思想的目的在于起落架正常使用时处于低载情形（过载系数较小），可充分利用使用行程以降低使用应力水平，并对于偶尔出现的粗暴着陆及满载滑跑撞击情形，不致由于缓冲器压到底而发生硬撞击。其表达式如下：

$$F_{\text{air}} = \left[p_0 \left(\frac{V_0}{V_0 - LA_a} \right)^\gamma - p_{\text{atm}} \right] A_a \tag{4.11}$$

式中，p_0 为缓冲器初始充气压力；V_0 为缓冲器气腔初始体积；L 为缓冲器行程；p_{atm} 为当地大气压力；A_a 为缓冲器气腔有效压气面积；γ 为气体压缩多变指数，取 1.1。

计算空气弹簧力需要确定 p_0、V_0、L、A_a 四个变量的取值，综合参照波音公司飞机设计手册和波音公司技术支持，对各参数进行合理取值并计算。下面给出 B737-800 空气弹簧力的计算步骤。

缓冲器气腔有效压气面积为

$$A_a = \frac{F_y}{p_{tj}} = \frac{78245\text{kg} \times 93.6\% \times \dfrac{1}{2} \times 9.8\text{m/s}^2}{10.35 \times 10^6\text{Pa}} = 0.35\text{m}^2 \tag{4.12}$$

式中，F_y 为前起落架停机荷载；p_{tj} 为停机气腔压力。

缓冲器最大行程为

$$S_{Hsy} = \frac{A_{Hsy}}{n_y \varphi \mu \eta_{sy} Mg} = \frac{A_{sy} - A_{Lsy}}{n_y \varphi \mu \eta_{sy} Mg} \tag{4.13}$$

式中，A_{sy} 为起落架吸收撞击功量；A_{Lsy} 为机轮吸收撞击功量；A_{Hsy} 为缓冲器吸收撞击功量；n_y 为过载初值，取 1.1；φ 为缓冲系统传力系数，取 1；μ 为起落架质量分配系数；η_{sy} 为缓冲系统效率，取 0.8；M 为飞机设计质量；g 为重力加速度。

单个主起落架吸收的撞击功量等于飞机动能的减少量，为

$$A_{sy} = \frac{1}{2} \times 93.6\% \times \frac{1}{2} \times 78245 \times 3^2 = 164784(\text{J}) \tag{4.14}$$

主机轮吸收的撞击功量为

$$A_{Lsy} = \eta_{Lsy} n_y F_y \delta_y = \eta_{Lsy} n_y F_y \left(\frac{n_y F_y}{2.4 p_r \sqrt{WD}} + 0.03W \right)$$

$$= 0.47 \times 1.1 \times 358863 \times \left(\frac{1.1 \times 358863}{2.4 \times 1.41 \times 10^6 \times \sqrt{1.1 \times 0.42}} + 0.03 \times 1.1 \right) = 37694(\text{J}) \tag{4.15}$$

式中，η_{Lsy} 为轮胎效率；p_r 为胎压；W 为轮胎外径；D 为轮胎宽度。

因此，缓冲器最大行程为

$$S_{Hsy} = \frac{A_{sy} - A_{Lsy}}{n_y \varphi \mu \eta_{sy} Mg} = \frac{164784 - 37694}{1.1 \times 1 \times 93.6\% \times \dfrac{1}{2} \times 0.8 \times 78245 \times 9.8} = 0.4(\text{m}) \tag{4.16}$$

缓冲器气腔初始体积为

$$V_0 = \frac{\lambda A_a S_{Hsy}}{\lambda - 1} = \frac{6 \times 0.35 \times 0.4}{5} = 0.168(\text{m}^3) \quad (4.17)$$

式中，λ 为缓冲器气腔初始体积与最大行程下气腔体积之比，取 6。

缓冲器初始充气压力为

$$p_0 = \frac{0.4 A_{Hsy}(\lambda - 1)}{V_0(\lambda^{\gamma-1} - 1)} = \frac{0.4 \times 127090 \times 5}{0.35 \times (5^{0.1} - 1)}(\text{Pa}) = 4.2(\text{MPa}) \quad (4.18)$$

将式(4.12)～式(4.18)的计算结果代入式(4.11)，计算得到 B737-800 主起落架的空气弹簧力。B737-800 前起落架和主起落架空气弹簧力随压缩行程的变化曲线如图 4.8 所示。空气弹簧力的定义文件(.ast)如图 4.9 所示。

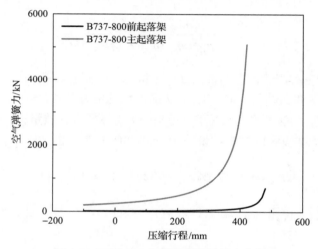

图 4.8　B737-800 起落架空气弹簧力曲线

```
[MDI_HEADER]                                          MDI_HEADER                    [LOAD_STROKE_DATA]                         LOAD_STROKE_DATA
[MDI_HEADER]                                                                        [LOAD_STROKE_DATA]
FILE_TYPE     = 'ast'                        头文件                                 { stroke      force}                     力学曲线
FILE_VERSION  = 4.0                                                                 -3.94    2890.45
FILE_FORMAT   = 'ASCII'                                                             -3.54    2949.23
                                                     UNITS                          -3.15    3010.26
[UNITS]                                                                             -2.76    3073.61
LENGTH  = 'inch'                                                                    -2.36    3139.47
ANGLE   = 'degrees'                          单位                                   -1.97    3207.96
FORCE   = 'pound_force'                                                             -1.57    3279.24
MASS    = 'pound_mass'                                                              -1.18    3353.47
TIME    = 'second'                                                                  -0.79    3430.86
                                                     STATIC_LOCK_DATA               -0.39    3511.57
[STATIC_LOCK_DATA]                                                                   0.00    3595.83
LOCK_STIFFNESS = 999999.999                                                          0.39    3683.88
```

图 4.9　空气弹簧力的定义文件(.ast)

（2）油液阻尼力。

缓冲器仅具有弹性还是不能满足使用要求，因为弹性缓冲器所吸收的能量在伸展时会得到释放，从而使飞机具有向上的垂直速度，导致飞机产生垂直方向的振动。为了迅速消除这种振动，缓冲器还应该具有消散能量的功能。油液可以将很大一部分撞击能量转化为热能，由此而产生的力称为油液阻尼力。

油液阻尼力的大小与压油面积、油孔大小、油孔形状以及缓冲器工作过程中活塞杆的运动速度等有关，其函数表达式如下：

$$F_{oil} = \frac{\rho A_h^3}{2(C_d A_n)^2} \cdot \dot{S} | \dot{S} | \tag{4.19}$$

式中，C_d 为油液缩流系数；A_n 为油孔截面面积；ρ 为油液密度；A_h 为活塞杆内截面面积(有效压油面积)；S 为活塞杆运动行程。

其中，将活塞杆运动速度的平方表示成 $\dot{S}|\dot{S}|$，是为了使油液阻尼力有正负值之分，以便同时适用于压缩和伸展行程。将式(4.19)中的第一项分式看作一个整体，称为油液阻尼参数，ADAMS/Aircraft 中的油液阻尼力通过在 oil damper 属性文件中输入起落架伸缩过程的油液阻尼参数进行定义。忽略伸缩过程中活塞杆内截面和油孔截面面积的变化，将油液阻尼参数取为常数，估算 B737-800 的起落架缓冲器油液阻尼参数见表 4.5(缓冲器伸展行程受到的阻尼大于压缩行程受到的阻尼，故假设伸展阻尼参数是压缩阻尼参数的 1.5 倍)。

表 4.5　起落架缓冲器油液阻尼参数

机型	前起落架缓冲器		主起落架缓冲器	
	压缩阻尼参数	伸展阻尼参数	压缩阻尼参数	伸展阻尼参数
B737-800	6	9	22	33

(3)结构限制力。

当缓冲器达到全伸长状态或压缩到最大行程时会受到起落架内部结构的限制，从而使缓冲器只能在一定行程范围内使用，这个起到结构限制作用的力称为结构限制力，按式(4.20)计算。

$$F_{stop} = \begin{cases} K_s(S_0 - S), & S \leqslant S_0 \\ 0, & S_0 < S < S_{max} \\ K_s(S - S_{max}), & S \geqslant S_{max} \end{cases} \tag{4.20}$$

式中，K_s 为缓冲器结构限制刚度；S_{max} 为缓冲器最大压缩行程；S_0 为缓冲器最大伸长行程。结构限制力在 ADAMS/Aircraft 中通过 Stopper 属性文件进行定义。

(4)摩擦力。

缓冲器内的摩擦力由两部分组成，分别为缓冲器支柱弯曲在上下支撑点产生的库仑摩擦力 F_{f1} 和皮碗摩擦力 F_{f2}，其函数表达式分别如下：

$$F_{f1} = \mu_b \left(|N_u| + |N_l| \right) \frac{\dot{S}}{|\dot{S}|} \tag{4.21}$$

$$F_{f2} = \mu_m F_{air} \frac{\dot{S}}{|\dot{S}|} \tag{4.22}$$

式中，μ_b 为缓冲器弯曲摩擦系数；N_u 和 N_l 分别为缓冲器弯曲引起的上、下支承点处法向力；μ_m 为缓冲器皮碗摩擦系数。摩阻力通过在缓冲器的上、下支柱间建立力单元，使用 ADAMS/Aircraft 函数库中的公式进行定义。

　　3) 机轮

　　机轮的几何尺寸和胎压等基础数据可以从飞机设计手册中获得，B737-800 相关参数见表 4.6。表达方式为：轮胎外直径×轮胎断面宽度–轮毂直径。例如，B737-800 的前机轮参数可以标注为 27×7.7-15 12PR，表示 B737-800 轮胎外直径为 27in，断面宽度为 7.7in，轮毂直径为 15in，因此可以计算得到轮胎高宽比为 $(27-15)/(2×7.7)=0.78$。PR 代表轮胎层级。

表 4.6　B737-800 前机轮和主机轮参数

		27×7.7-15 12PR		
前机轮	质量/kg	121.25	轮胎半径/in	13.5
	I_{xx}/(kg·m²)	6342.9	轮胎宽度/in	7.7
	I_{yy}/(kg·m²)		高宽比	0.78
	I_{zz}/(kg·m²)	10912.5	胎压/MPa	1.27
		43.5×16.5-21 28PR		
主机轮	质量/kg	220.5	轮胎半径/in	22.25
	I_{xx}/(kg·m²)	31327.6	轮胎宽度/in	16.5
	I_{yy}/(kg·m²)		高宽比	0.68
	I_{zz}/(kg·m²)	53897	胎压/MPa	1.41

　　如前所述，在 ADAMS 中选择轮胎模型为 Fiala 模型，需要在轮胎属性文件中定义轮胎径向刚度、纵向滑移刚度、滚动阻力系数等轮胎参数，并输入轮胎竖向力曲线。轮胎竖向力的计算公式如下：

$$F_z = [p_0 + \kappa p_0 (\delta/w)^2 + 0.08 p_r] w \sqrt{wd} f_1(\delta/w) \tag{4.23}$$

$$f_1(\delta/w) = \begin{cases} 0.96(\delta/w) + 0.216(\delta/w)^2/C_z, & \delta/w \leqslant \dfrac{10}{3}C_z \\ 2.4[(\delta/w) - C_z], & \delta/w > \dfrac{10}{3}C_z \end{cases} \tag{4.24}$$

式中，p_0 为竖向荷载为 0 时轮胎的充气压力；p_r 为额定充气压力；w 为轮胎宽度；d 为轮胎直径；δ 为轮胎压缩量；κ 和 C_z 为与轮胎相关的参数。计算得到 B737-800 轮胎的竖向力曲线如图 4.10 所示。轮胎模型的属性定义文件如图 4.11 所示。

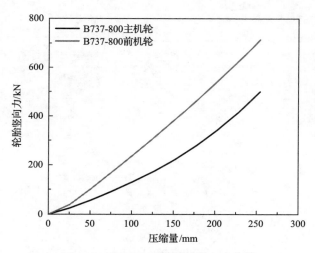

图 4.10 B737-800 轮胎的竖向力曲线

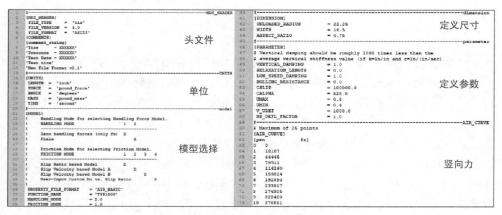

图 4.11 轮胎模型的属性定义文件

4.1.3　整机模型装配与仿真

如前所述,只有装配体才能直接用于仿真分析。本书模拟飞机的真实滑跑运动,需要采用整机装配体进行仿真分析。ADAMS/Aircraft 中各子系统及整机装配体的结构关系如图 4.12 所示。

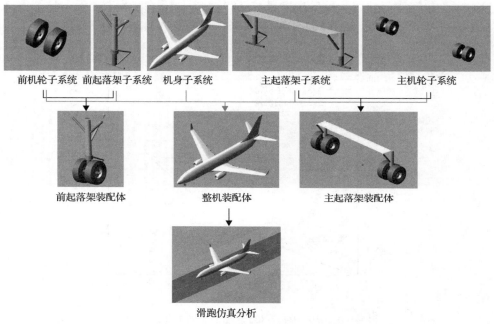

图 4.12　ADAMS/Aircraft 中各子系统及整机装配体的结构关系

1. 跑道数据输入

飞机滑跑仿真涉及道面建模、飞机全机建模和滑跑控制三个方面。道面模型主要分为三类:通过实测道面高程的方式获得机场道面的起伏状态,进而生成针对某一具体机场道面的仿真文件;通过定义道面的波长、波幅等参数对道面波形进行定义,进而对不同波下的飞机动力响应进行分析;根据功率谱密度有理数函数按照一定的算法生成相应的随机道面,对飞机随机振动问题进行分析。

在 MSC.ADAMS 中,道面模型通过道面数据文件来表达,其后缀名为.rdf。如图 4.13 所示的道面数据文件,分为多个数据块,其中的[MDI_HEADER]为标题数据块,定义文件的类型、版本和格式等信息;[UNITS]为单位数据块,定义文件中数据所用的单位;[MODEL]数据块定义文件的路面类型以及求解器所用的方程;[GLOBAL_PARAMETERS]数据块定义道面几何形态、摩擦系数等参数;

[DATA_POINTS]数据块可以输入道面的纵断面高程数据。在仿真过程中，道面模型先通过.rcf 文件调用指定的.rdf 文件，从而将道面纵断面高程数据输入仿真模型中计算分析。通过编辑.rdf 文件，在其[GLOBAL_PARAMETERS]数据块中输入道面纵断面高程数据，然后建立对应的.rcf 文件，在仿真分析时调用该文件，即可进行飞机在该道面下的滑跑仿真分析，并从中得到飞机在滑跑过程中的动态响应值。

70_0.25m_interval.rdf

```
$---------------------------------------------------------------------MDI_HEADER
[MDI_HEADER]
FILE_TYPE  =  'rdf'
FILE_VERSION  =  5.00
FILE_FORMAT  =  'ASCII'
(COMMENTS)
{comment_string}
'3d smooth road'
$---------------------------------------------------------------------UNITS
[UNITS]
 LENGTH              = 'meter'
 FORCE               = 'newton'
 ANGLE               = 'radians'
 MASS                = 'kg'
 TIME                = 'sec'
$---------------------------------------------------------------------DEFINITION
[MODEL]
 METHOD              = '3D_SPLINE'
 FUNCTION_NAME       = 'ARC903'
 VERSION             = 1.00
$---------------------------------------------------------------------ROAD_PARAMETERS
[GLOBAL_PARAMETERS]
 CLOSED_ROAD         = 'nO'
 SEARCH_ALGORITHM    = 'FaSt'
 ROAD_VERTICAL       = '0.0 0.0 1.0'
 FORWARD_DIR         =  'NORMAL'
 MU_LEFT             =  1.0
 MU_RIGHT            =  1.0
 WIDTH               =  20.000
 BANK                =  0.0

$---------------------------------------------------------------------DATA_POINTS
[DATA_POINTS]
{    X             Y             Z          WIDTH  BANK  MU_LEFT   MU_RIGHT }
   20.00    0    0.0000000    50   0    1.0     1.0
   15.00    0    0.0000000    50   0    1.0     1.0
   10.00    0    0.0000000    50   0    1.0     1.0
    5.00    0    0.0000000    50   0    1.0     1.0
    0.00    0    0.0000000    50   0    1.0     1.0
 -100.00    0    0.0000000    50   0    1.0     1.0
 -250.00    0    0.0000000    50   0    1.0     1.0
 -250.25    0    0.0005919    50   0    1.0     1.0
 -250.50    0    0.0009713    50   0    1.0     1.0
 -250.75    0    0.0020299    50   0    1.0     1.0
 -251.00    0    0.0025399    50   0    1.0     1.0
 -251.25    0    0.0027721    50   0    1.0     1.0
```

图 4.13　.rdf 文件中输入跑道三维不平整激励

2. 飞机滑跑参数的设置

选择装配完毕的机型，在调用跑道不平整数据.rcf 文件后，需要进行滑跑前的参数设置，如图 4.14 所示。设置参数包括仿真时长、步长、速度、运动姿态、输出文件地址等。

3. 飞机不同振动响应量的输出

待仿真完毕后（软件会显示 complete），依次选择 Review→Postprocessing Window，将跳出如图 4.15 所示的界面。在界面下方的 Result Set 中可选择需要查看的振动响应量[重心加速度、驾驶舱加速度、动载系数（dynamic load coefficient,

DLC)等]，可通过 Add Curves 按钮直接在界面上方显示，也可输出至 Excel 软件中做进一步分析。

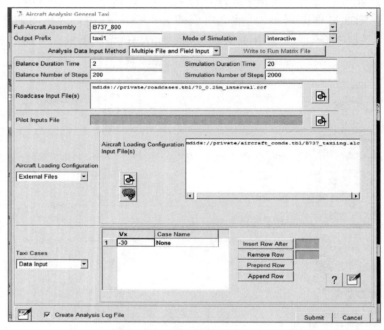

图 4.14　飞机滑跑参数设置

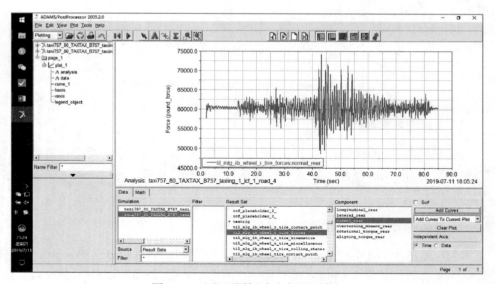

图 4.15　飞机不同振动响应量的输出

4.2　大型三维有限元道基-道面数值模型

有限元法是以变分原理为基础，吸取差分格式的思想而发展起来的一种有效的数值解法。其基本思想可以概述为将一个结构离散为由有限个单元并通过有限个节点连接起来的等效体，组成该等效体的单元力学性质能通过有限个参数且用矩阵的形式表示出来，当它们根据力学的基本定理按一定规则组合在一起时，反映了结构的真实受力状态，通过求解集合体的特性方程得到结构的数值解。该方法的出现为道面的结构分析提供了一个有力的工具。利用三维有限元方法可以分析材料的非线性、空间非均布荷载作用、温度影响、裂缝的发展和传播，也可以考虑复杂的边界条件和动载的作用，是模拟机场道面这种三维工程结构物的有效手段。ABAQUS 是由美国 HKS(Hibbitt, Karlsson & Sorensen)公司开发的基于有限元法的大型工程模拟软件，可以分析复杂的固体力学和结构力学系统，模拟非常庞大复杂的模型，处理高度非线性问题。ABAQUS 不但可以做单一部件的力学和多物理场分析，还可以完成系统级的分析和研究。ABAQUS/CAE 的内核语言是 Python，通过 Python 可以方便地读取 ABAQUS 结果数据库 ODB 的数据。国内外许多研究者都曾成功地运用 ABAQUS 对路面、道面进行结构分析。

4.2.1　道面结构力学模型

目前机场道面结构响应分析常用的力学模型主要包括弹性地基板模型和弹性层状体系模型两种，前者可以考虑荷载作用于板中、板边和板角的情况，而后者假设道面在平面上无限大，近似于荷载作用于板中时的情况[7]。弹性地基板模型中常用的地基模型主要有弹性半空间地基和 Winkler 地基两类。道面结构响应模型形式的选择和相应参数的确定与应用目的密切相关。我国现行《民用机场水泥混凝土道面设计规范》(MH/T 5004—2010)采用的是 Winkler 地基上的单层板模型，而《公路水泥混凝土路面设计规范》(JTG D40—2011)采用的是弹性半空间体地基上的双层板模型，面层-基层层间假定为光滑状态，如图 4.16 所示。沥青道面结构常用弹性层状体系进行结构响应计算。

如果地基采用弹性半空间体地基，则需要在有限元分析中建立实体单元地基模型，由此导致模型单元数量显著增加，大大提高了求解所需的计算机内存，同时还要花费大量时间进行层间接触分析，甚至会导致不收敛问题。特别是对于结构动力响应分析，由于需要考虑惯性力和阻尼的影响，计算机内存需求和计算速度成为关注的重点。在 ABAQUS 中，Winkler 地基模型可直接采用 Interaction 功能模块中的 Elastic Foundation 来定义，而无须进行实体建模，因而可以显著减少单元数量，提高计算效率。简化为 Winkler 地基，这也符合实际地基的横向联结作用远小于半刚性基层的特点[8]。

完全积分单元易发生剪切自锁或弯曲自锁现象，缩减积分单元则易发生沙漏现象。对于一阶减缩积分单元，ABAQUS 引入了一个小量的人工"沙漏刚度"以限制沙漏模式的扩展，而且模型中应用的单元越多，这种刚度对沙漏模式的限制就越有效。因此，模型中只要合理地细划网格，线性减缩积分单元完全可以给出可接受的结果。非协调模式单元仅适用于线性四边形和六面体单元，它把增强单元位移梯度的附加自由度引入线性单元，克服了线性完全积分中的剪切自锁问题，具有较高的计算精度。

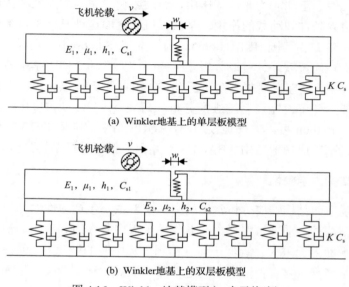

(a) Winkler地基上的单层板模型

(b) Winkler地基上的双层板模型

图 4.16　Winkler 地基模型（w 表示挠度）

4.2.2　单元类型及网格密度

在 ABAQUS TM 中，每一个单元可以从以下五个方面的特性进行表征和描述：单元族、自由度、节点数目、数学描述和积分。对于道面和路面的有限元数值模拟分析，通常采用三维六面体单元，根据每一个方向采用的积分点数可分为线性 8 节点单元、20 节点单元、27 节点单元等类型；根据单元积分方式不同可分为完全积分和缩减积分。三维实体单元按照节点位移插值的阶数可分为线性单元、二次单元、修正的二次单元。

四面体单元如图 4.17 所示。4 节点单元（常应变单元、一次单元）：单元内部的位移插值函数为一次多项式，应变是位移的偏导数，故在单元内部，应力和应变为常数，位移和应力收敛速度都很慢，不推荐使用；10 节点单元：①用体积坐标定义的单元，单元内位移插值函数为二次完全多项式，应力和应变为一次完全多项式，位移收敛速度很快，但应力收敛速度仍较慢。因为整体加密使用的节点数太多，而局部加密生成单元奇异，导致刚度阵病态，所以应力集中问题很难得到精度较高的解。在不考虑应力集中、疲劳寿命的问题中，由于 10 节点单元(二次单元，用体积坐标定义的单元)使用节点较少、几何适应性强，人们经常使用。②用直角坐标定义的单元，由六面体 20 节点单元通过节点重合退化得到。这种单元误差较大，无法求节点应力，只能求出 GAUSS 积分点的应力值，不推荐使用。20 节点单元(三次单元)：用体积坐标定义的单元，单元内位移插值函数为完全三次多项式，应力和应变为完全二次多项式，位移和应力收敛速度都很快，相较于4 节点单元、10 节点单元精度最高、几何适应性强，在应力集中、疲劳寿命问题分析中非常有效。

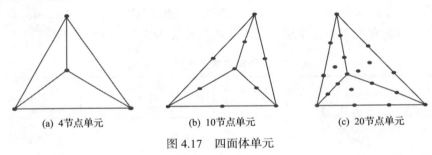

(a) 4节点单元　　　　　(b) 10节点单元　　　　　(c) 20节点单元

图 4.17　四面体单元

　　三棱柱单元如图 4.18 所示，6 节点单元(一次单元)与四面体 4 节点单元类似。15 节点单元(二次单元)与四面体 10 节点单元类似。

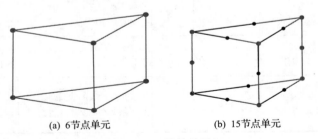

(a) 6节点单元　　　　　(b) 15节点单元

图 4.18　三棱柱单元

　　六面体单元如图 4.19 所示，8 节点单元(一次单元)：用直角坐标定义的单元，单元内位移收敛速度慢，不推荐使用。20 节点单元(二次单元)：用直角坐标定义的单元，位移收敛速度很快，但应力和应变是不完全二次多项式，收敛速度仍不够快。几何适应能力不强，但使用节点较少，因而是经常使用的单元。27 节点单元(二次单元)：用直角坐标定义的单元，位移收敛速度很快，应力和应变仍是不完全二次多项式，收敛速度仍不够快。由于使用节点较多，形成的总刚度矩阵带宽大，不推荐使用。

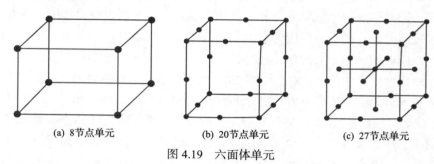

| (a) 8节点单元 | (b) 20节点单元 | (c) 27节点单元 |

图 4.19　六面体单元

按单元刚度矩阵所采用数值积分方法的不同，又可分为完全积分单元和减积分单元。对于二次单元，根据单元节点布置位置的差异，又包括 Lagrangian 单元和 Serendipity 单元两类，常用的三维实体单元及其基本性质见表 4.7。

表 4.7　三维实体单元及其基本性质

单元名称	单元类型	节点数/积分点数	移形函数	优点	存在问题
C3D8	线性等参单元，完全积分	8/8	一阶	计算成本低	剪切自锁，精度较差
C3D8R	线性等参单元，减缩积分	8/8	一阶	对位移求解较精确，弯曲时不易剪切自锁	沙漏
C3D8I	线性等参单元，非协调模式	8/8	一阶	克服了剪切自锁，在弯曲问题中计算成本降低	扭曲过大，分析精度会降低
C3D20	二次等参单元，完全积分	20/27	二阶	对应力的计算很精确，一般无剪切自锁	不能用于接触分析，体积自锁，弯曲自锁
C3D20R	二次等参单元，减缩积分	20/8	二阶	不会出现严重的沙漏问题，对自锁问题不敏感	不能在接触分析中使用，不适用于大变形问题

综上所述，在进行三维有限元模拟时，三维有限元 C3D8R 单元不仅能够很好地控制结构分析过程中的变形，还使不同的单元类型在同一网格密度条件下 CPU 用时少且更精确。根据有限元单元尺寸验证发现，当单元尺寸小于 0.1m 时应变、应力以及位移均出现收敛，因此根据经济结构分析，单元尺寸宜为 0.1m。

4.2.3　模型尺寸及边界条件

1. 刚性道面

合理选择模型尺寸对于提高分析效率、保证计算精度具有重要意义。特别是对于复杂的六轮起落架，起落架整体尺寸较大，如果模型包含的板块数量较少，荷载离边界的距离较近，则必然带来较大的计算误差。以最大的民航客机 A380 为例，针对其六轮小车式起落架来分析模型中板块数量对计算结果的影响。单块板尺寸为 5m×5m，接缝模拟方式参照 4.2.4 节，荷载作用于横缝板边中点，计算中假定四边自由。2 块板模型、4 块板模型、6 块板模型和 9 块板模型的加载位置如图 4.20 所示。

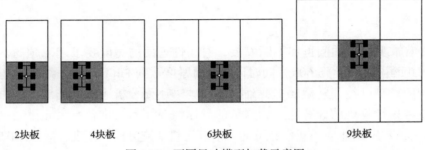

2块板　　　4块板　　　　6块板　　　　　　9块板

图 4.20　不同尺寸模型加载示意图

不同接缝刚度下模型的计算结果如图 4.21 所示。由图可知，当接缝刚度不为 0 时，模型板块数量对板底弯拉应力的影响规律一致；板块在起落架荷载作用下主要发生横向的弯拉变形，由于未考虑纵缝的影响，2 块板模型导致计算结果明显偏小；由于只考虑了一侧纵缝的影响，4 块板模型较 6 块板模型计算结果也相对

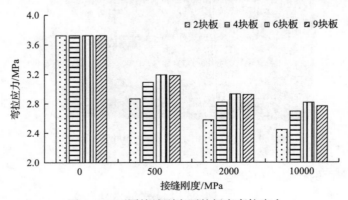

图 4.21　不同接缝刚度下的板底弯拉应力

偏小；比较6块板和9块板模型的计算结果可知，9块板模型由于考虑了另一侧横缝的影响，计算结果相对较小。对于分析板块(图4.20中加载板块，即灰色部分)，板块四周边界条件对计算结果的影响显著。

此外，动力分析中起落架沿道面驶过，初期加载时会有明显的振荡现象，为了获得完整的响应时程曲线，也要求道面在行驶方向上具有足够长度。因此，本书最终选择建立3×3的9块板模型，取中心板块作为分析板块，从而实现分析板块四周边界条件(接缝)的准确模拟并获得完整的响应时程曲线。

对于3×3的9块板模型，模型四周边界条件给计算结果带来的影响也是需要关注的问题。以图4.20中9块板模型为例，试算结果表明，简支和自由边界条件下板底弯拉应力最大值几乎一致。然而，对于需要考虑层间接触的复杂非线性问题，自由边易导致收敛困难，故建议采用简支边界条件。

2. 柔性道面

随着大型飞机的问世和不断发展，对柔性道面的宽度要求越来越高，大型机场的跑道宽度可达到60m。同时，当道面厚度达到8m以上时，厚度对道面的结构响应影响已经非常微弱；此外，由于本书还要分析飞机高速滑跑的力学响应，故考虑计算机的计算能力和跑道的具体情况，本书推荐有限元模型尺寸为30m×30m×10m(垂直飞机滑跑方向×沿着飞机滑跑方向×厚度方向)，如图4.22所示。

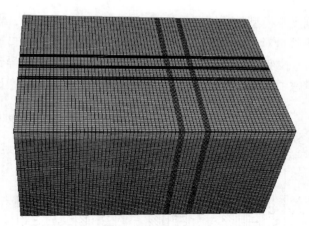

图4.22　有限元模型(30m×30m×10m)

4.2.4　刚性道面的接缝传荷模型

在不关注传力杆局部受力和传力杆设计的情况下，无须在有限元模型中建立传力杆部件的实体模型，而仅需通过一定的力学模型来合理表征接缝的传荷能力。有限元中接缝的传荷作用一般通过梁单元和弹簧单元来模拟，ABAQUS 中也提供了多种建模方式，如弹簧单元、接触单元和间隙单元等[9,10]。ABAQUS 中的弹簧单元包括 SPRING、SPRING1 和 SPRING2 三种。其中，SPRING 单元定义在两点之间，方向沿两点之间的轴线；SPRING1 单元定义在一点和平面之间，方向可以由用户自行定义[11]；SPRING2 单元定义在两点之间，方向可以由用户自行定义。此外，用户还可以通过定义 JOINTC 单元的方式定义弹簧的刚度和阻尼特性。在机场道面建模过程中可选用 SPRING2 弹簧单元来模拟接缝的传荷作用。无论是集料嵌锁型接缝还是传力杆型接缝，均可以采取在接缝两侧对应节点设置弹簧单元的方法模拟接缝的剪力传递作用，从而使两种类型接缝的传荷能力分析采用统一的计算模型。接缝传荷能力的大小则通过接缝刚度 q 来表征，它表示单位长度接缝内产生单位竖向位移差的剪力（单位为 N/m^2）。弹簧刚度则利用接缝刚度 q 计算获得，并按照合理的分配原则将其分配到接缝两侧的相应节点上，本书 ABAQUS 按照节点贡献面积法进行接缝刚度分配，如图 4.23 所示。接缝侧面的节点可以分为板角节点、板边节点和板中节点三类，三种位置节点的刚度贡献面积按式(4.25) 计算，即板角节点、板边节点和板中节点的贡献面积之比为 1∶2∶4。假定板角、板边和板中节点的分配刚度比为 1∶2∶4，分别为 k、$2k$ 和 $4k$，则三种位置节点的分配刚度与数量的乘积之和应等于接缝的总刚度，如式(4.26)所示，各类节点的数量按照式(4.27)计算。

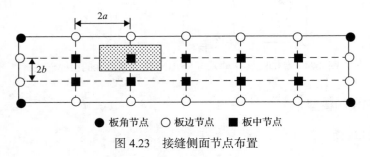

●板角节点　○板边节点　■板中节点

图 4.23　接缝侧面节点布置

板角：

$$A_C = ab$$

板边：

$$A_E = 2ab \hspace{3cm} (4.25)$$

板中：

$$A_I = 4ab$$

$$kN_C + 2kN_E + 4kN_I = q\lambda \tag{4.26}$$

板角：

$$N_C = 4$$

板边：

$$N_E = 2(N_R + N_C - 4) \tag{4.27}$$

板中：

$$N_I = (N_R - 2)(N_C - 2)$$

综合式(4.25)和式(4.26)，则对应位置弹簧刚度为

$$k = \frac{q\lambda}{4(N_R - 1)(N_C - 1)} \tag{4.28}$$

式中，λ 为接缝长度；N_R 为板侧面节点的行数；N_C 为板侧面节点的列数。

按照式(4.28)计算获得对应位置的弹簧刚度并施加给每个 SPRING2 弹簧单元，采用 SPRING2 弹簧单元连接接缝两侧 C3D8I 实体单元对应节点的示意图如图 4.24 所示。

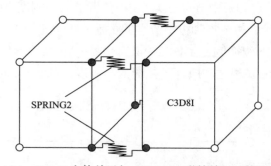

图 4.24　C3D8I 实体单元与 SPRING2 弹簧单元的接缝连接

4.2.5　层间接触模型

1. 刚性道面

面层-基层层间接触模型主要分为滑移摩擦模型和接触摩擦模型两大类，前者表示道面板受到水平推力(F_H)作用时会产生一个反向的摩擦阻力(F_{RH})；后者表示机轮荷载作用于道面板时产生的接触应力，其与荷载的大小及作用位置、基层类型、面层-基层初始接触条件等因素有关。荷载作用前后面层-基层界面接触条件的变化对于分析接触摩擦行为尤为重要。

面层-基层的接触问题是一种典型的与状态相关的非线性行为，接触状态可以是完全黏结、完全光滑或部分黏结，当接触状态为完全光滑或部分黏结时，面层

和基层在界面处往往会发生滑移或张开等位移不连续现象[12]。接触状态和接触区域会随荷载、边界条件等因素而发生变化，并且在接触界面上同时存在法向应力（接触压力）和切向应力（摩擦应力）。因此，有限元模型中面层-基层接触行为的定义主要包括两个方面：法向接触和切向接触。

接触行为与层间处治条件密切相关。当层间布设较厚的砂砾式或细粒式沥青混凝土时，考虑到隔离层材料本身会发生竖向压缩和水平向剪切变形，因此需要对隔离层材料进行实体建模或利用竖向及切向弹簧单元进行模拟。当层间布设土工膜或使用稀浆封层进行处理时，一般选用库仑摩擦模型来模拟层间接触行为，并用综合摩擦系数的大小来表征层间接触状况的变化。目前，机场刚性道面隔离层材料以土工膜为主，尚无使用较厚沥青混凝土的工程实例。因此，常使用库仑摩擦模型来模拟层间完全光滑和部分滑动状态或使用 Tie 连接来模拟层间完全连续状态。

在 ABAQUS/Standard 中可以通过定义接触面（surface）或接触单元（contact element）来模拟接触问题，采用定义接触面的方法进行接触分析的主要步骤：①定义接触面；②定义接触属性和接触；③定义边界条件，消除模型的刚体位移和避免过约束，其中接触属性包括接触面之间的法向作用和切向作用两部分。对于法向作用，ABAQUS 中接触压力和间隙的默认关系是硬接触，其含义为：接触面之间能够传递的接触压力的大小不受限制，但当接触面变为 0 或负值时，两个接触面分离，并且去掉相应节点上的接触约束。对于切向作用，ABAQUS 中常用的摩擦模型为库仑摩擦，使用综合摩擦系数来表示接触面之间的摩擦特性，而且在切向力达到临界切应力之前，摩擦面不会发生相对滑动。库仑摩擦的计算公式为

$$\tau_{\text{crit}} = \mu p \tag{4.29}$$

式中，τ_{crit} 为临界切向力；μ 为摩擦系数；p 为法向接触压力。

2. 柔性道面

考虑到环氧沥青与普通沥青混凝土层间会喷洒环氧沥青黏结层，该黏结层具有极强的黏结力，从而确保了层间接触的完整性，可以实现真正意义上的层间连续，因此可认为层间是 Tie 连接。普通沥青混凝土中面层和下面层是同种属性的材料，再加之层间喷洒黏层油，也可确保层间接触的完整性，亦可认为层间接触是 Tie 连接。而对于面层与半刚性基层之间，层间喷洒透层油的技术处置增加了层间的黏结效应，而且在外荷载作用和影响下层间的相互滑移随着面层厚度逐渐减弱，再加之面层的整体刚度较小，因此认为层间接触具有完整性和连续性，可认为层间属于 Tie 接触。对于基层与底基层、底基层与垫层以及垫层与地基之间的层间接触而言，考虑到荷载引起层间的水平向相对滑移或翘曲变形很小，亦可

认为层间接触具有完整性和连续性。故本书有限元模型层间接触均采用 Tie 连接。

4.3　飞机-跑道空间耦合动力学联合仿真

1. MATLAB/Simulink 与 ADAMS 联合仿真

单纯通过 ADAMS 平台手动开展多种机型仿真试验效率较低,无法满足多工况仿真的需求。基于 ADAMS 和 Simulink 联合仿真技术为本书的研究提供了新的途径:在 MATLAB/Simulink 中建立控制模块以实现对 ADAMS/Aircraft 样机装配体的驱动,在 Simulink 中可自动输入激励(加载不平整样本库)、设置仿真参数(不同速度、不同机型)和提取输出信号(振动响应量),如图 4.25 所示。搭建 ADAMS 与 Simulink 联合时域仿真平台,既可保证飞机滑跑动力学仿真的精度,也可提高仿真试验的效率。ADAMS 与 MATLAB/Simulink 联合仿真流程如下:首先,利用 ADAMS 建立飞机 Assembly 装配体后,通过 Elements 添加状态变量,建立 ADAMS 和 MATLAB/Simulink 联合仿真的数据桥梁[13,14]。接着,利用 ADAMS 中的 Motions 驱动实现参数化,将 Simulink 控制系统通过设置的状态变量传递到 Motions 驱动

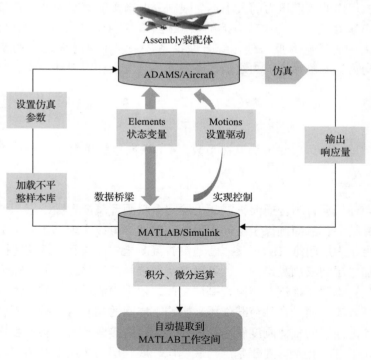

图 4.25　ADAMS 与 MATLAB/Simulink 联合仿真流程

中，通过驱动函数来控制整个装配体运动。最后，可对样机滑跑输出的位移、速度、加速度、力等响应量输出至 Simulink 中，在 MATLAB 工作空间中还可进一步实现响应量积分、微分等运算。

2. MATLAB 与 ABAQUS 联合仿真

ABAQUS/CAE 的内核语言是 Python，通过 Python 可以方便地读取 ABAQUS 结果数据库 odb 的数据[15]。MATLAB 与 ABAQUS 联合仿真流程如图 4.26 所示，MATLAB 与 Python 脚本传递相应的参数和数据，其方法是先把要传递的参数和数据写入特定的 txt 文件，然后再由另一程序去读取。这个过程中应尽量把每个简单的功能写成函数，这样有助于调试程序并不断集成新的功能，这也是增量式开发的思想[16]。

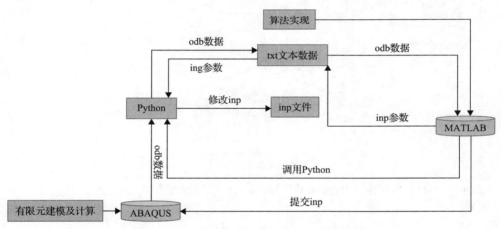

图 4.26　MATLAB 与 ABAQUS 的联合仿真流程

3. 飞机-跑道空间耦合动力学联合仿真

以 MATLAB 软件作为连接的桥梁，在 MATLAB 中通过 Python 语言调用 ABAQUS 的输出文件进行后处理（.odb），输入前处理（.inp）文件进行建模分析。借助 MATLAB/Simulink 实现 ABAQUS 与 ADAMS/Aircraft 的协同仿真。通过 MATLAB 软件建立 ADAMS 刚体动力学仿真软件与 ABAQUS 三维大型有限元软件的联合仿真如图 4.27 所示。以飞机降落跑道至飞机完全滑出跑道这个过程为例，首先根据设置的初始降落参数在 MATLAB 中计算轮胎接触力 F_c，进而通过 ABAQUS 进行道面动力学仿真获得表面的振动位移，此时判定飞机是否滑出规定范围，若无，则增加时间序列 Δt 生成不平整序列，叠加振动位移后在 ADAMS 中进行飞机动力学仿真，并再次获得轮胎接触力 F_c，输入 MATLAB 进行下一次计算，直到飞机滑出跑道，输出动力响应曲线。

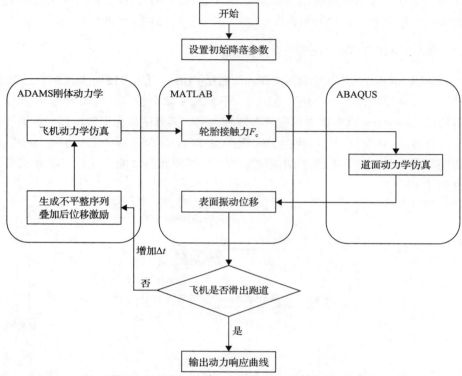

图 4.27　ADAMS 刚体动力学仿真软件与 ABAQUS 三维大型有限元软件的联合仿真流程

参 考 文 献

[1] The Boeing Company. B737-700/800/900 Airplane Characteristics for Airport Planning[S]. Seattle: Boeing Commercial Airplanes, 2003.

[2] The Boeing Company. B757-200/300 Airplane Characteristics for Airport Planning[S]. Seattle: Boeing Commercial Airplanes, 2002.

[3] The Boeing Company. B787-8 Airplane Characteristics for Airport Planning[S]. Seattle: Boeing Commercial Airplanes, 2009.

[4] The Boeing Company. B777-200/300 Airplane Characteristics for Airport Planning[S]. Seattle: Boeing Commercial Airplanes, 1998.

[5] The Boeing Company. B747-400 Airplane Characteristics for Airport Planning[S]. Seattle: Boeing Commercial Airplanes, 2002.

[6] 刘孟诏. 飞机转动惯量及其估算[J]. 飞机设计, 1997, (1): 13-20.

[7] 翁兴中, 蔡良才. 机场道面设计[M]. 北京: 人民交通出版社, 2007.

[8] 周正峰, 凌建明. 基于 ABAQUS 的机场刚性道面结构有限元模型[J]. 交通运输工程学报, 2009, 9(3): 39-44.

[9] 刘文, 凌建明, 赵鸿铎. 考虑接缝影响的机场水泥混凝土道面结构响应[J]. 公路交通科技, 2007, 24(12): 15-18, 23.

[10] 周正峰. 机场水泥混凝土道面接缝传荷能力研究[D]. 上海: 同济大学, 2008.

[11] 罗勇, 袁捷. 三维有限元法对水泥混凝土道面接缝传荷作用的模拟方法研究[J]. 公路交通科技, 2013, 30(3): 32-38.

[12] 谈至明, 赵鸿铎, 张兰芳. 机场规划与设计[M]. 北京: 人民交通出版社, 2010.

[13] 刘诗福. 飞机滑跑随机振动动力学响应及跑道平整度评价[D]. 上海: 同济大学, 2019.

[14] 张哲恺. 跑道平整度评价标准适用性研究——考虑飞机滑跑动力响应叠加效应[D]. 上海: 同济大学, 2020.

[15] 朱立国. 基于大型飞机虚拟样机的刚性道面动力行为模拟与表达[D]. 上海: 同济大学, 2017.

[16] 唐睿. 机场刚性道面结构响应影响面及其损伤表达[D]. 上海: 同济大学, 2010.

第5章 滑跑激振作用下的飞机-跑道动力学响应

滑跑是飞机在跑道上最常见、历时最久的地面运动。飞机滑跑持续受到跑道不平整的激振作用，特别是高速重载的新一代大型飞机增强了跑道不平整的激振效应。与车辆-道路不同，飞机-跑道横向范围宽，跑道不平整激振的空间效应显著。本章基于实测的跑道三维全断面不平整数据，率先建立跑道三维不平整频谱模型，综合利用随机振动理论和虚拟样机技术，全面分析飞机滑跑激振作用下飞机-跑道的动力学响应，并系统揭示道面不平整、飞机类型、滑跑速度等关键因素对动力学响应的影响规律。

5.1 跑道全断面不平整数据采集

飞机主起落架轮距相对于车辆轮距更大，跑道横向距离也比道路更宽。研究表明，飞机前起落架和主起落架受到的跑道不平整激励不同，除了导致飞机上下振动，还会造成飞机俯仰、侧倾转动。因此，研究滑跑激振作用下飞机-跑道动力学响应需要采集跑道三维全断面不平整数据，将跑道不平整数字模型拓展至纵、横全断面。

目前，实测道面高程的方法有两类：①真实轮廓法。测得的高程数据基于一个绝对参考面，可以准确获得整条测线的真实断面，测试仪器有水准仪、手持式断面仪等。②相对轮廓法。测得的高程数据基于惯性参考面或参考点，测试仪器有车载激光断面仪等。方法①可靠准确，但其测量速度慢，花费时间与人力较多，难以适应民用机场夜晚停航时间有限的客观条件；方法②测试速度快，但其能检测到的波长范围较小，大多数激光断面仪能测得的最大波长小于45m，但飞机高速滑跑时最大敏感波长可达到120m。

国内对跑道道面不平整的实测研究与分析较少，多沿用公路的标准进行飞机-跑道的动力学响应分析。现有《民用机场道面评价管理技术规范》(MH/T 5024—2019)主要采用国际平整度指数(international roughness index, IRI)或波音平整度指数(Boeing bump index, BBI)对道面平整度进行评价。IRI可采用车载激光断面仪进行测试，但其对短波较为敏感，而飞机高速滑跑时对中长波更为敏感[1]。BBI的计算需先采集道面纵断面的相对高程数据，但在规范中并未明确采集仪器。因此，需要提出兼顾效率与准确性的检测设备，积累国内外跑道不平整数据，根据实测数据的统计特征分析典型跑道不平整状况下飞机和跑道的动力学响应。

5.1.1　国内跑道不平整数据实测

本书将车载激光断面仪与全球导航卫星系统(global navigation satellite system，GNSS)相结合，实现跑道三维不平整全波段检测[2,3]。

1. 采集方法与设备

检测方法的工作原理如图 5.1 所示，车载激光断面仪的采样间距为 0.025m，GNSS 移动定位系统的采样频率为 1Hz。在实际测试过程中，从跑道起点开始，保证车载激光断面仪与 GNSS 移动站同时开始接收数据。长波可根据经度和纬度数据得到实时位置信息与高程，后与短波根据移动距离进行叠加得到全波段不平整数据。

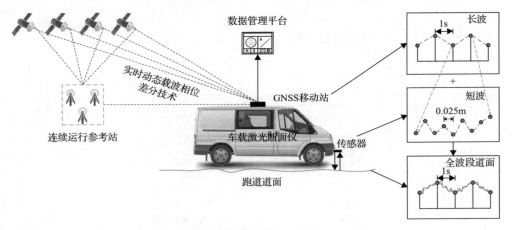

图 5.1　检测方法的工作原理

车载激光断面仪装配三种传感器：激光位移传感器、加速度传感器和距离传感器。激光位移传感器可测得车辆与道面之间的距离。加速度传感器测得车辆的竖向振动加速度，经过二次积分可获得车辆的振动位移，以此作为整个系统的惯性参考。距离传感器置于检测车轮胎上，检测车辆行驶的距离，以此控制采样间距。各传感器的精度见表 5.1。

表 5.1　车载激光断面仪精度

传感器	激光位移传感器	加速度传感器	距离传感器
误差	<0.05mm	<±1%	<0.05%

GNSS 移动定位系统包括 GNSS 主机、卫星定位天线、网络天线与数据管理平台等。在仪器安装时，将卫星定位天线与网络天线吸附于车顶，与车载激光断面仪共线，GNSS 主机与数据管理平台置于车内。整套仪器的工作原理是 GNSS 主机

通过卫星定位天线接收卫星信号，采用实时动态载波相位差分(real-time kinematic，RTK)技术和连续运行参考站(continuously operating reference stations，CORS)的差分改正数据获得高精度定位，并通过蓝牙将设备的实时状态、三维坐标等信息传回数据管理平台。

2. 采集方案

考虑不同机型飞机主起落架的间距和轮迹的横向偏移，以横断面方向 1m 为间隔，测定跑道中心线及距中心线 10m 范围内的所有测线的纵断面高程，即单条跑道测定 21 条测线，每条测线数据的检验间距为 0.025m，如图 5.2 所示。

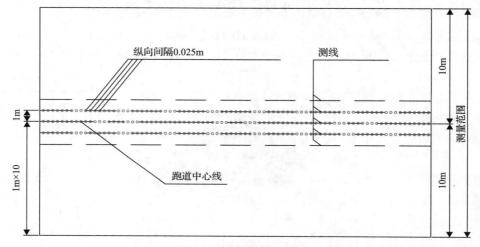

图 5.2　测试方案示意图

3. 实测跑道数据

利用上述的跑道三维不平整数据采集设备与方案，已实测 20 条国内机场跑道平整度数据，见表 5.2，包括 3 条沥青跑道和 17 条水泥跑道。

表 5.2　实测 20 条国内机场三维跑道平整度数据

序号	机场	类型	跑道长度/m	采集时间(年-月)
1	杭州萧山国际机场	水泥	3560	2017-09
2	东营胜利机场	2/3 沥青+1/3 水泥	3600	2018-05
3	苏南硕放国际机场	沥青	3180	2018-08
4	井冈山机场	水泥	2590	2018-10
5	台州路桥机场	水泥	2490	2018-05

续表

序号	机场	类型	跑道长度/m	采集时间(年-月)
6	宁波栎社国际机场	水泥	3160	2018-07
7	龙岩冠豸山机场	水泥	2390	2018-12
8	福清龙田机场	水泥	2210	2018-11
9	泉州惠安机场	水泥	2280	2018-11
10	福州长乐国际机场	水泥	3580	2018-09
11	汕头外砂机场	水泥	2480	2018-11
12	盐城南洋国际机场	水泥	2810	2018-12
13	临汾尧都机场	水泥	2710	2019-03
14	汶水机场	水泥	2990	2019-03
15	侯马机场	水泥	2470	2019-03
16	上海虹桥国际机场 1 跑道	水泥	3290	2019-09
17	上海虹桥国际机场 2 跑道	沥青	3290	2019-09
18	上海浦东国际机场 1 跑道	水泥	3410	2019-09
19	上海浦东国际机场 2 跑道	水泥	3770	2019-09
20	上海浦东国际机场 4 跑道	水泥	3390	2019-09

以东营胜利机场为例，最终跑道的三维平整度绝对高程数据展示如图 5.3 所示。跑道横向上 10m 处表示跑道的中心线，跑道长度为 2500m。

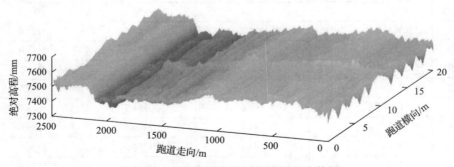

图 5.3　东营胜利机场跑道三维平整度数据

5.1.2　国外跑道不平整数据收集

美国 FAA 公布了 37 条跑道中线的纵断面高程数据[4]，见表 5.3。这些跑道中线纵断面高程数据是由 FAA、波音公司和空客公司对美国和其他一些国家的机场道面实测得到的，测量设备为高速断面仪（customized inertial profiler，FIP）。断面高程数据的采样间距为 0.025m，长度为 1550～1590m，已采用高通滤波器对波长超过 1000ft（304.8m）的波段进行了滤波。

表 5.3　国外跑道不平整状况数据

编号	机场代码	跑道号	测量起始位置/m	测量结束位置/m	测量段长度/m
1	MUC	26R	0.0	1554.5	1554.5
2	MUC	8L	2407.9	3992.9	1585.0
3	SRQ	14	0.0	1585.0	1585.0
4	DEN	34	0.0	1554.5	1554.5
5	DEN	16	2133.6	3688.1	1554.5
6	SRQ	14	609.6	2164.1	1554.5
7	MSY	19	304.8	1889.8	1585.0
8	ORD	3	0.0	1554.5	1554.5
9	MCI	1R	0.0	1554.5	1554.5
10	SRQ	22	0.0	1554.5	1554.5
11	ORD	32R	1585.0	3169.9	1584.9
12	Gerardi	2	0.0	1554.5	1554.5
13	YMX	29	2072.6	3627.1	1554.5
14	EWR	14L	0.0	1585.0	1585.0
15	ACY	4	0.0	1554.5	1554.5
16	ACY	4	243.8	1828.8	1585.0
17	ACY	22	0.0	1554.5	1554.5
18	PEK	18R	914.4	2499.4	1585.0
19	EWR	22L	640.1	2194.6	1554.5
20	MSY	10	0.0	1585.0	1585.0
21	YUL	10	0.0	1554.5	1554.5
22	DFW	13	0.0	1585.0	1585.0
23	MDT	31	609.6	2194.6	1585.0
24	ACY	4	914.4	2499.4	1585.0
25	Gerardi	1	0.0	1554.5	1554.5
26	YMX	6	304.8	1859.3	1554.5
27	PHX	18L	1615.4	3200.4	1585.0
28	ACY	22	243.8	1828.8	1585.0
29	Trinidad	—	0.0	1585.0	1585.0
30	Trinidad	—	1585.0	3169.9	1584.9

编号	机场代码	跑道号	测量起始位置/m	测量结束位置/m	测量段长度/m
31	Trinidad	—	0.0	1585.0	1585.0
32	Roginski	2	0.0	1585.0	1585.0
33	Roginski	2	304.8	1889.8	1585.0
34	Roginski	1	304.8	1889.8	1585.0
35	RUS	—	1737.4	3322.3	1584.9
36	Roginski	1	0.0	1585.0	1585.0
37	RUS	—	304.8	1889.8	1585.0

5.2　跑道三维随机不平整频谱模型

5.2.1　功率谱密度

功率谱密度(power spectral density, PSD)模型是表征跑道纵向不平整最为典型的数字模型。研究结果表明，道面的不平整状况可视为频域内的零均值、局部均匀、各态历经的平稳随机过程，采用 PSD 可以对其进行频域上的统计分析。PSD 表示道面高程在不同波长下的方差，即对 PSD 在频域上积分就可以得到道面高程的平均功率(均方值)，可以表征道面病害引起的周期性波长。

1. 估计方法

频谱分析与平稳随机信号可以通过帕塞瓦尔定理关联，见式(5.1)，这个定理表明信号的能量(或平均功率)无论在时域还是频域都是一样的，即信号所代表的能量是守恒的。

$$\int_{-\infty}^{+\infty} |x(t)|^2 \, \mathrm{d}t = \frac{1}{2\pi}\int_{-\infty}^{+\infty} |F_x(\omega)|^2 \, \mathrm{d}\omega = \int_{-\infty}^{+\infty} |F_x(2\pi f)|^2 \, \mathrm{d}f \tag{5.1}$$

式中，$x(t)$ 为平稳随机信号；$F_x(\omega)$ 为 $x(t)$ 的傅里叶变换；ω 为角频率，$\omega = 2\pi f$。

经数据处理后，可认为 $x(t)$ 为平稳随机信号，其幅值呈正态分布，则其均方值或方差(也就是平均功率)是固定的。既然平均功率或能量在时域和频域守恒，而时域上的信号 $x(t)$ 是随机的，则可通过变换式(5.2)得到信号在频域上的分布。

$$\lim_{T\to\infty}\frac{1}{T}\int_{-\infty}^{+\infty} |x(t)|^2 \, \mathrm{d}t = \lim_{T\to\infty}\frac{1}{T}\int_{-\infty}^{+\infty} |F_x(2\pi f)|^2 \, \mathrm{d}f = \int_{-\infty}^{+\infty} S_x(f)\mathrm{d}f \tag{5.2}$$

式中，$S_x(f) = \lim_{T\to\infty}\frac{1}{T}|F_x(2\pi f)|^2$，$S_x(f)$ 为信号的平均功率(或能量)在频域上的

分布，即单位频带的功率随频率变化的分布情况，称为信号的 PSD 函数。$S_x(f)$ 与 f 轴包围的面积等于信号 $x(t)$ 的平均功率，即 $x(t)$ 幅值分布的方差或均方值。

　　在信号分析中信号波形随着时间变化，在时间域频率 f 的单位为 s^{-1} 或 Hz，含义为单位时间内的周期数；而在平整度分析中，高低起伏的纵断面高程也可以看成一种信号，可以采用信号分析的技术手段进行研究，只需将沿道面的距离看成时间，信号上的时域则对应道面的空间域。采用空间域来表示纵断面高程随距离变化，其频率 n 为单位长度波形的周期数，单位为 m^{-1} 或 c/m(c 为波形的周期数)，与波长 λ 互为倒数。

　　PSD 估计方法一般可分为经典谱估计法和现代谱估计法。经典谱估计法也称为非参数谱估计法，其包括直接法和间接法。现代谱估计法也称为参数模型法，其包括 Yule-Walker 自回归法、Burg 法等。宁波栎社国际机场跑道中心线道面高程数据的各种 PSD 估计方法对比如图 5.4 所示，研究发现，Burg 法更直观、更方便、更光滑，故本书建议采用 Burg 法。

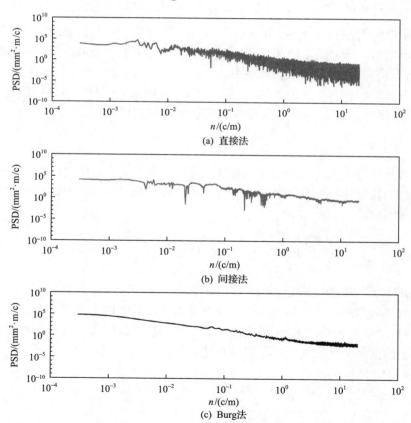

图 5.4　宁波栎社国际机场跑道中心线道面高程数据的各种 PSD 估计法对比

2. 拟合分析

1962 年，Houbolt 率先开始分析道面不平整的频谱[5]，通过实测两条跑道的纵断面相对高程，提出机场道面表面功率谱的数学模型[6]：

$$G_d(n) = A(2\pi n)^{-2} \tag{5.3}$$

式中，$G_d(n)$ 为竖向表面高程的功率谱密度；n 为空间频率(c/m)；A 为不平整系数(m³/c)。

通过测量表面的不平整数据，Dodds 等提出以参考空间频率为界，对 PSD 函数表达式进行分段拟合的函数[7]：

$$G_d(n) = G_d(n_0)\left(\frac{n}{n_0}\right)^{-w_1}, \quad n_L \leqslant n \leqslant n_0 \tag{5.4}$$

$$G_d(n) = G_d(n_0)\left(\frac{n}{n_0}\right)^{-w_2}, \quad n_0 < n \leqslant n_U \tag{5.5}$$

式中，n_0 为参考空间频率，且 $n_0=1/2\pi$(c/m)；n_L 和 n_U 分别为低频和高频截止频率，$n_L=0.01$c/m，$n_U=10$c/m；$G_d(n_0)$ 为不平整系数，即参考空间频率 n_0 下的路面 PSD 值；w_1 和 w_2 为频率指数，是双对数坐标上斜线的斜率，决定路面 PSD 的频率结构。

此后，许多学者对大量的路面数据进行了 PSD 的研究，并提出一系列 PSD 函数表达式(表 5.4)，这些模型在本构上保持一致，拟合函数形式有所差异。

表 5.4　功率谱密度函数表达式

参考学者	PSD 函数公式形式	备注
Sussman[8]	$G_d(n) = \dfrac{A}{n_a^2 + n^2}$	式中，n_a 为截止频率，函数表明当空间频率 n 小于 n_a 时，PSD 趋向平缓
Gillespie[9]	$G_d(n) = A[1 + (n_c/n)^2]/n^2$	式中，当为柔性路面时，$n_c = 0.66$；当为刚性路面时，$n_c = 0.16$
Sayers[10]	$G_d(n) = A_1/n^4 + A_2/n^2 + A_3$	—
Marcondes 等[11]	$G_d(n) = \begin{cases} A_1 \exp(-kn^p), & n \leqslant n_0 \\ A_2(n-n_0)^q, & n > n_0 \end{cases}$	该公式主要针对铁路轨道、具有坑槽等集中不平度的路面
Xu 等[12]	$G_d(n) = A/\{2a\exp[-n^2/(2a)^2]\}$	—

目前，国际标准(ISO 8608-2016)和我国国家标准《机械振动　道路路面谱测量数据报告》(GB/T 7031—2005)均采用 Dodds 提出的幂函数形式，并将分级的频率指数取为 2，即 $w=2$，按照 $G_d(n_0)(n_0 = 0.1\text{m}^{-1})$ 将路面平整度分为 8 个等级。

本书针对不同类型道面的固有特点采用不同的 PSD 表达式。

1)沥青道面

沥青跑道属于柔性道面，在不平整起伏方面相对更加连续。经过反复比较，最终沥青跑道道面不平整数字模型借鉴 Sussman 模型，如式(5.6)所示。

$$G_d(n) = \frac{C}{\alpha^w + n^w}, \quad 0 < n < +\infty \tag{5.6}$$

式中，C 为不平整系数，表征道面不平整的整体水平，C 值越大，PSD 越大，道面越不平整；w 为频率指数，是双对数坐标上斜线的斜率，决定路面 PSD 的频率结构，w 越大，道面不平整中长波成分越显著；α 为截止频率，该函数表明当空间频率 n 小于 α 时，$G_d(n)$ 趋向平缓。

将所有沥青跑道数据计算所得的 PSD 进行拟合，得到沥青跑道 PSD 拟合参数 C、α 和 w 的分布范围，见表 5.5。

表 5.5　沥青跑道 PSD 拟合参数取值范围

沥青跑道	C	α	w
2 条国内跑道	0.0907～0.119(0.1)	0.00054～0.0014(0.0009)	2.199～2.285(2.24)
18 条国外跑道	0.0227～1.206(0.1)	0.00019～0.00178(0.0005)	2.042～3.162(2.30)

注：括号内为概率密度最大时参数的取值。

2)水泥道面

水泥跑道以板数为单元，板长一般为 5m，两个相邻板块间存在接缝、错台等，但是在一个单元内通常都比较平整(很少出现破碎板)，因此在一个单元内的不平整振动相对较低，且现有规范与研究中多采用不连续的分段函数表达，所以本书采用分段点不连续的形式表达。借助式(5.7)将水泥道面进行分段处理，分段点 $n_0 = 0.1\text{m}^{-1}$。

$$\begin{cases} G_d(n) = \dfrac{C_1}{\alpha^2 + n^{w_1}}, & n < n_0, \quad \text{第一段} \\ G_d(n) = C_2 n^{-w_2}, & n \geqslant n_0, \quad \text{第二段} \end{cases} \tag{5.7}$$

将所有水泥道面数据计算所得的功率谱图进行拟合，得到水泥跑道 PSD 拟合参数 C_1、C_2、α、w_1、w_2 的分布范围，见表 5.6。

表 5.6 水泥跑道 PSD 拟合参数分布范围

	水泥混凝土跑道	C_1	α	w_1
第一段	18 条国内跑道	0.0089~0.235(0.025)	0.00009~0.1503(0.04)	1.369~3.527(2.4)
	19 条国外跑道	0.007~0.147(0.025)	0.0000152~0.0103(0.005)	1.21~3.22(2.5)
	水泥混凝土跑道	C_2	w_2	
第二段	18 条国内跑道	0.049~0.597(0.08)	1.813~3.13(2.5)	—
	19 条国外跑道	0.029~0.308(0.08)	1.59~2.86(2.2)	

注：括号内为概率密度最大时参数的取值。

5.2.2 相干函数 coh

跑道横向长度相对于纵向很短，横向不平整不方便测量。目前，国际上没有实测的三维跑道平整度数据可供研究，跑道横向不平整数字模型也直接沿用道路。研究发现，同一条跑道两条测线的不平整统计特性基本相同，即两条测线自功率谱密度相同，但两条平行测线道面不平整的随机过程存在相干性，可通过相干函数 coh 来量化跑道不平整的相干性。

相干函数 coh 表示的是两个随机信号在频率为 n 的分量之间线性相关的程度[13]。其本质是一种频域描述方法，包含相位信息，作用是描述两个随机信号在频域中的相关性。

1. 估计方法

相干函数 coh 的计算公式为

$$\text{coh}_{xy}^2(n) = \frac{\left| G_{xy}(n)^2 \right|}{G_{xx}(n)G_{yy}(n)} \tag{5.8}$$

式中，当 $\text{coh}_{xy}^2(n)=1$ 时，表明两个随机信号 $x(I)$ 和 $y(I)$ 中频率为 n 的分量之间幅值比和相位差保持不变，即完全线性相关；$\text{coh}_{xy}^2(n)=0$ 时，表明两个随机过程 $x(I)$ 和 $y(I)$ 中频率为 n 的分量之间幅值比和相位差是随机变化的。$G_{xx}(n)$ 是激励 $x(I)$ 的自功率谱密度；$G_{yy}(n)$ 是激励 $y(I)$ 的自功率谱密度；双激励间的互功率谱密度为 $G_{xy}(n)$，其可以表示为

$$G_{xy}(n) = \lim_{T \to \infty} \frac{1}{T} E\left[F_x^*(\omega) F_y(\omega) \right] \tag{5.9}$$

式中，$F_x^*(\omega)$ 为 $x(t)$ 傅里叶变换的共轭，且 $G_{xy}(n) = G_{yx}(n)$。

2. 拟合分析

张洪欣等[14]认为当 $f > 2\text{Hz}$ 时左右轮辙相关程度几乎不变，采用相干函数 coh 来描绘左右轮辙之间的相关程度，表达式为

$$\text{coh}^2(f) = \begin{cases} 1-0.45f, & f \leqslant 2\text{Hz} \\ 0.1, & f > 2\text{Hz} \end{cases} \tag{5.10}$$

Ammon 对德国路面高程数据进行统计分析，提出式(5.11)来描述不同轮距下平整度数据的相干函数[15]。

$$\text{coh}_{xy}(n) = \left[1 + \left(\frac{n\rho^{a_1}}{n_\rho} \right)^w \right]^{-p} \tag{5.11}$$

式中，ρ 为轮距；n_ρ 为参考空间频率；p 为梯度指数；a_1 为路面同性指数，代表不同轮距相关函数的疏密程度；w 为频率指数。当 $a_1 = 1$ 时，n_ρ 和 p 取决于相干函数的拐点位置和拐点处的斜率。

Bogsjö[16]提出了相干函数的指数拟合关系式(5.12)，并通过 20 条不同类型道路(高速公路、主路、乡村道路，碎石路等)进行验证，效果良好。

$$\text{coh}_{xy}(n) = \text{e}^{-a_2\rho n}, \quad \alpha > 0 \tag{5.12}$$

式中，ρ 为轮距；a_2 为拟合参数，与路面性质有关。

上述相干函数的拟合形式均符合低频长波相干较大、高频短波相干较小的特征，这与实际情况相符。本书根据实测数据分析，结合边界条件 $\lim\limits_{n \to 0} \text{coh}_{xy}(n) = 1$，提出如下新的拟合形式：

$$\text{coh}_{xy}^2(n) = a_3\text{e}^{-f(\rho)n} - a_3 + 1, \quad f(\rho) > 0 \tag{5.13}$$

式中，a_3 为拟合参数；$f(\rho)$ 为 ρ 的函数。苏南硕放国际机场的跑道中心线与距中心线 1m 处测线之间的相干关系如图 5.5 所示。将本书提出的理论曲线与张洪欣和 Bogsjö 理论曲线进行对比，本书模型与实测相干函数拟合效果更好。

当 $n \to +\infty$，$\text{coh}_{xy}(n) \to 1-a_3$，结果表明这与实测数据相符。统计 13 条国内机场跑道的 a_3 拟合值后发现，a_3 值在 $0.81 \sim 0.89$ 范围内浮动，且符合正态分布，如图 5.6 所示。为方便后续计算，将 a_3 值统一为均值 0.85。因此，式(5.13)可简化为

$$\text{coh}_{xy}^2(n) = 0.85\text{e}^{-f(\rho)n} + 0.15, \quad f(\rho) > 0 \tag{5.14}$$

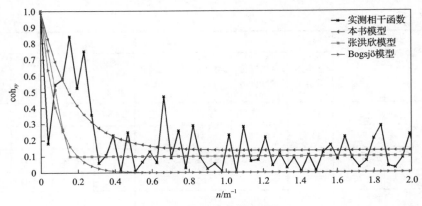

图 5.5　相干函数模型对比

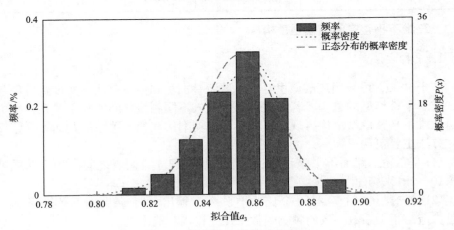

图 5.6　拟合值 a_3 的概率分布图

记 $f(\rho)$ 为两测线距离 ρ 的函数，取 $f(\rho)=b\rho^c$，表 5.7 为实际拟合参数的结果，决定系数 R^2 的均值为 0.77，表明该函数的精确度较高。最终可用式(5.15)来表示空间频率 n、轮距 ρ 与相干函数的关系。

$$\mathrm{coh}_{xy}^2(n)=0.85\mathrm{e}^{-b\rho^c n}+0.15,\quad f(\rho)>0 \tag{5.15}$$

表 5.7　各机场跑道函数 $f(\rho)$ 及拟合参数值

项目		机场跑道							
		汕头外砂机场	苏南硕放国际机场	井冈山机场	龙岩冠豸山机场	盐城南洋国际机场	台州路桥机场	南京禄口国际机场	福清龙田机场
$f(\rho)$	$\rho=1$	4.98	6.03	10.77	10.80	7.36	13.79	14.78	6.51
	$\rho=2$	8.10	6.82	13.88	11.01	22.14	23.67	25.93	5.97

续表

项目		机场跑道							
		汕头外砂机场	苏南硕放国际机场	井冈山机场	龙岩冠豸山机场	盐城南洋国际机场	台州路桥机场	南京禄口国际机场	福清龙田机场
$f(\rho)$	$\rho=3$	16.64	9.37	19.41	11.72	13.88	29.84	17.60	8.14
	$\rho=4$	14.32	10.00	13.31	11.58	25.30	35.30	29.61	13.70
	$\rho=5$	18.37	11.89	21.53	20.29	27.24	30.49	35.64	20.42
b		5.73	5.49	11.02	8.53	16.82	16.61	14.63	11.26
c		0.74	0.46	0.35	0.49	0.43	0.46	0.51	0.49
R^2		0.85	0.95	0.55	0.77	0.77	0.83	0.67	0.77

5.2.3 三维不平整空间域模型重构

1. 重构方法

基于 PSD，可采用离散傅里叶法、谐波叠加法和白噪声法，实现跑道单条测线二维不平整模型的重构，若在此基础上融入不同测线之间的相干关系，则可将跑道三维不平整模型重构再现。目前，考虑功率谱和相干关系的路面不平整模型建立方法主要包含三种。

(1)左右轮下路面不平整都通过谐波叠加法建立，两者之间的相干性通过相位角($0\sim2\pi$)来构建[17]。

(2)首先建立一个输入(一条路面不平整)、输出(另一条路面不平整)系统，并通过构造与相干系数一致的频响函数来建立输入和输出之间的关系[13]。

(3)将路面不平整分为初始部分和扰动部分，两部分之间通过特定 PSD 和相干函数建立联系，并通过快速傅里叶逆变换(inverse fast Fourier transform, IFFT)分别重构两部分的不平整，最后将两部分相结合获得路面不平整[18]。

方法(1)在理论上是可行的，但在精度上还未获得验证；方法(2)较为成熟，应用广泛；方法(3)的精度较高，但一般只适用于左右双轮路面不平整的建立，难以建立多条平行路面不平整模型。最终选用方法(2)来处理不同测线之间的相干关系：已知道面一条测线的输入，求该道面另一条测线的输出，而输入与输出之间可由相干函数 $\text{coh}_{xy}(n)$ 连接。

跑道三维不平整模型重构的过程如图 5.7 所示。

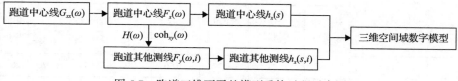

图 5.7　跑道三维不平整模型重构过程示意图

首先建立跑道中心线的自功率谱密度 $G_{xx}(\omega)$，然后根据 PSD 与频谱的关系，将 $G_{xx}(\omega)$ 谱转换为傅里叶谱 $F_x(\omega)$。利用离散傅里叶法与相干函数的拟合式求解频响函数 $H(\omega)$，根据输入道面不平度与输出道面不平度频响关系：

$$F_y(\omega) = H(\omega)F_x(\omega) \tag{5.16}$$

得到跑道中心线两侧的跑道纵向不平度的 $F_y(\omega, i), i = 1, 2, 3, \cdots, 20$。最后将跑道各条测线的傅里叶谱进行傅里叶逆变换求出每条测线时域或空间域 $h_x(s)$。

飞机在跑道上滑跑，可认为主起落架机轮与前起落架机轮所经过的道面不平度的自功率谱密度相同，且假设两轮辙的相位差为 0，即

$$G_{xx}(n) = G_{yy}(n) \tag{5.17}$$

将式 (5.17) 写成

$$G_{xy}(n) = \text{coh}_{xy}(n)G_{xx}(n) \tag{5.18a}$$

$$G_{xy}(\omega) = \text{coh}_{xy}(\omega)G_{xx}(\omega) \tag{5.18b}$$

随机振动理论表明，系统输入与输出之间的互功率谱密度等于系统的频响函数与输入的自功率谱密度的乘积：

$$G_{xy}(\omega) = H(\omega)G_{xx}(\omega) \tag{5.19}$$

则对比式 (5.18b) 与式 (5.19)，得

$$|H(\omega)| = \text{coh}_{xy}(\omega) \tag{5.20}$$

式中，$|H(\omega)|$ 为频响函数的模。

记输入与输出测线之间的传递函数为

$$G_{21}(s) = \frac{W_2(s)}{W_1(s)} = \frac{a_0 + a_1(j\omega) + a_2(j\omega)^2 + \cdots + a_n(j\omega)^n}{b_0 + b_1(j\omega) + b_2(j\omega)^2 + \cdots + b_n(j\omega)^n} \tag{5.21}$$

式中，$W_2(s)$、$W_1(s)$ 为道面不平度输入的拉普拉斯变换，则

$$|H(\omega)| = G(j\omega) = \left| \frac{a_0 + a_1(j\omega) + a_2(j\omega)^2 + \cdots + a_n(j\omega)^n}{b_0 + b_1(j\omega) + b_2(j\omega)^2 + \cdots + b_n(j\omega)^n} \right| \tag{5.22}$$

并取 2 阶传递函数来拟合相干函数，待定系数采用遗传算法寻找适合值，即

$$\min \sum_{i=0}^{n} \left[\left| H(\mathrm{i}\omega) - \mathrm{coh}(\mathrm{i}\omega) \right| \right] \tag{5.23}$$

约束条件为

$$\left| H(\mathrm{i}\omega) - \mathrm{coh}(\mathrm{i}\omega) \right| < \varepsilon, \quad \varepsilon \text{ 为较小的正数} \tag{5.24}$$

相干函数已包含轮距的信息，因此上述生成的典型跑道三维不平整模型具有通用性。

2. 实例应用

选取典型的沥青跑道不平整 PSD 数字模型，参数设置为 C=0.339，α=14.0，w=2.1；在相干函数中，参数设置为 b=8，c=0.5；取空间频率为 $4\mathrm{m}^{-1}$，速度 v=1m/s，借助遗传算法对相干函数公式采用二阶传递方程拟合，最终得到 a_0=1.7030，a_1=2.6241，a_2=0.7949，b_0=1.7465，b_1=4.5667，b_2=2.1006，即

$$G_{xy}(s) = \frac{1.7030 + 2.6241s + 0.7949s^2}{1.7465 + 4.5667s + 2.1006s^2} \tag{5.25}$$

传递函数与 coh 公式的拟合比较如图 5.8 所示，两者最大的误差仅为 0.0254，平均误差为 0.0081，可见通过二阶传递函数拟合相干函数是有效的。

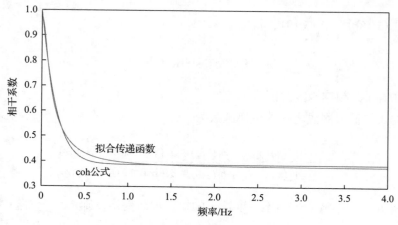

图 5.8　传递函数与 coh 公式的拟合效果

将间距按照 0.5m 递增，最终跑道典型三维不平整空间域模型如图 5.9 所示，其中跑道横向范围为 0～20m，间隔 0.5m；纵向间隔 0.25m，长度为 3000m。

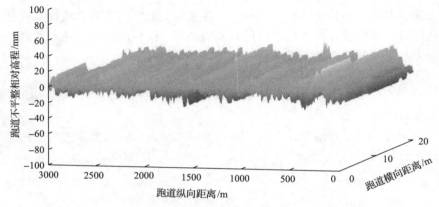

图 5.9　跑道典型三维不平整空间域模型

　　将仿真得到的跑道纵向不平度的 PSD 与理论 PSD 曲线进行对比，如图 5.10 所示。图 5.10 中光滑的线为理论 PSD，其他的线为实际 PSD 分布，可见两者相差不大，趋势相同，验证了本书提出的跑道三维不平整数字模型重构方法合理。

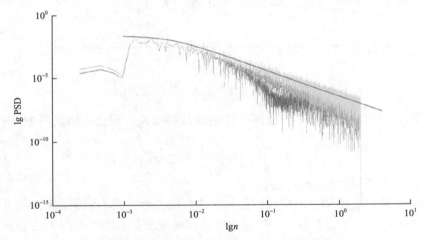

图 5.10　跑道纵向不平度的 PSD 与理论 PSD 曲线对比

5.3　基于虚拟激励法的飞机-跑道动力响应解析

　　对 3.2 节提出的飞机滑跑非线性振动模型进行统计线性化，建立对应的飞机线性系统模型，以此来分析不平整激励下飞机和跑道的动力响应。

5.3.1　非线性系统模型的统计线性化

　　非线性系统模型在时域上能很好地模拟飞机振动系统的非线性，通过仿方法能快速获取非线性系统的动力学响应。在频域上通常需要将非线性系统做等效线性化处理，其中统计线性化手段可方便地处理非线性问题，其核心原理是非线性弹性力与等效弹性力之差最小化。

1. 非线性的函数表达

1）起落架弹性元件的非线性

一般而言，对于起落架弹性力，随着位移的增大，空气弹簧力增加的速率也越来越大，如图 5.11 所示。

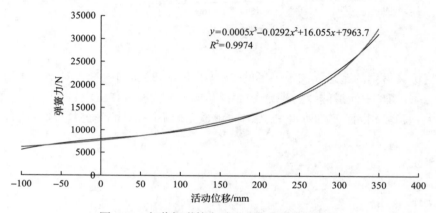

图 5.11　起落架弹簧力随活动位移的变化曲线

可用三次多项式拟合来表征图 5.11 的非线性特性，拟合式如式（5.26）所示。

$$F_s = k_0 + k_1 x + k_2 x^2 + k_3 x^3 \tag{5.26}$$

2）起落架阻尼元件的非线性

一般而言，起落架的阻尼元件都具有非线性特性，在不同的位移下可用分段函数来表示，如式（5.27）所示，阻尼力与活动速度的关系曲线如图 5.12 所示。

$$C(x) = \begin{cases} C_1 v|v|, & v < 0 \\ C_2 v|v|, & v \geqslant 0 \end{cases} \tag{5.27}$$

2. 统计线性化计算等效刚度和阻尼

在频域推导中，由于飞机非线性随机微分方程难以求解，往往需要做出随机过程平稳性、阻尼系数和刚度系数当量线性化的假设。统计线性化的目的是寻找一个等效的线性系统，该线性系统满足与原非线性系统之间均方差最小的要求。一般而言，这样的等效参数依赖于系统响应的统计特性，所以应迭代计算。

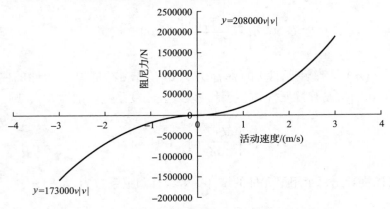

图 5.12　起落架阻尼力随活动速度的变化曲线

对于 n 自由度的非线性振动系统，各惯性元件的质量为 $m_1, m_2, \cdots, m_n$，作用于系统的激振力 $\{F(t)\} = [F_1(t), F_2(t), \cdots, F_n(t)]^{\mathrm{T}}$ 是零均值的 n 维联合高斯过程矢量。那么，在惯性系坐标系 $y_1, y_2, \cdots, y_n$ 中，此系统的运动微分方程为

$$[M]\{\ddot{Y}\} + \{G(Y, \dot{Y})\} = \{F(t)\} \tag{5.28}$$

式中，$[M] = \mathrm{diag}[m_i]$ 为系统在坐标系 $y_1, y_2, \cdots, y_n$ 中的惯性矩阵；$G(Y, \dot{Y})$ 为系统作用于 m_i 的弹性力与阻尼力之和；$F(t)$ 为作用于 m_i 的激振力。

设坐标 $y_1, y_2, \cdots, y_n$ 和坐标 $z_1, z_2, \cdots, z_n$ 之间的变换为

$$\{Y\} = [A]\{Z\} \tag{5.29}$$

将式 (5.29) 代入式 (5.28)，得到用相对坐标 $z_1, z_2, \cdots, z_n$ 表示的系统运动方程：

$$[M']\{\ddot{Z}\} + \{G'(Z, \dot{Z})\} = \{F(t)\} \tag{5.30}$$

式中，$[M'] = [M][A]$；$\{G'(Z, \dot{Z})\} = \{G(Y, \dot{Y})\} = [g_1(z, \dot{z}), g_2(z, \dot{z}), \cdots, g_n(z, \dot{z})]^{\mathrm{T}}$。

设原非线性系统的统计等效线性系统满足如下微分方程：

$$[M']\{\ddot{Z}\} + [C_{\mathrm{e}}]\{\dot{Z}\} + [K_{\mathrm{e}}]Z = \{F(t)\} \tag{5.31}$$

式中，$[K_{\mathrm{e}}]$ 和 $[C_{\mathrm{e}}]$ 分别为等效刚度矩阵和等效阻尼矩阵。

$$K_{eij} = E\left[\frac{\partial G_i(Z, \dot{Z})}{\partial Z_j}\right], \quad j = 1, 2, \cdots, n \tag{5.32a}$$

$$C_{eij} = E\left[\frac{\partial G_i(Z,\dot{Z})}{\partial \dot{Z}_j}\right], \quad j = 1,2,\cdots,n \tag{5.32b}$$

由于 $f_i(Z_i)$ 是弹性元件 i 的弹性力，$\mathrm{d}f_i(Z_i)/\mathrm{d}Z_i$ 是弹性元件的刚度，故 $E[\mathrm{d}f_i(Z_i)/\mathrm{d}Z_i]$ 应是弹性元件 i 的统计等效线性刚度系数，记为 K_{ei}，则

$$K_{ei} = E\left[\frac{\mathrm{d}f_i(Z_i)}{\mathrm{d}Z_i}\right], \quad i = 1,2,\cdots,n \tag{5.33a}$$

同理，可以推导出每个阻尼元件的统计等效线性阻尼系数为

$$C_{ei} = E\left[\frac{\mathrm{d}f_i(\dot{Z}_i)}{\mathrm{d}\dot{Z}_i}\right], \quad i = 1,2,\cdots,n \tag{5.33b}$$

因此，等效刚度系数和等效阻尼系数可看作不同位移和速度条件下图 5.11 与式 (5.27) 的期望值。实际上，这是涉及飞机在滑跑过程中起落架和轮胎竖向振动位移的概率分布，一旦估算得到概率分布，便可通过式 (5.33) 获取最终每个阻尼元件的统计等效线性元件系数。

非零均值响应使统计线性化方法求得的等效刚度系数和等效阻尼系数发生改变，并对结果产生影响，在应用等价线性化方法时需考虑这一点。

5.3.2　不考虑升力作用的飞机动力学响应

1. 道面不平整对振动响应量 PSD 分布的影响

以沥青道面为例，探究道面不平整即拟合式中 α、w 和 C 三个参数对 B737-800 机型的重心处竖向加速度 PSD 的影响，结果如图 5.13 所示。

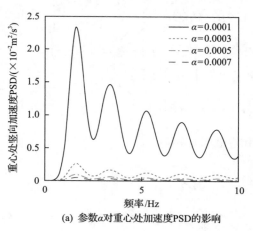

(a) 参数 α 对重心处加速度 PSD 的影响

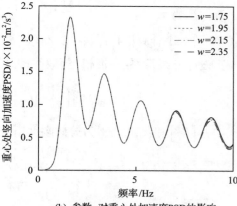

(b) 参数 w 对重心处加速度 PSD 的影响

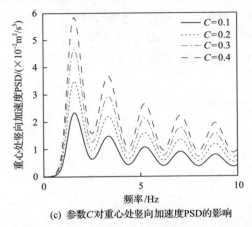

(c) 参数 C 对重心处竖向加速度 PSD 的影响

图 5.13　不同参数激励对 B737-800 机型的重心处竖向加速度 PSD 的影响

可见，三个参数都不影响振动响应量 PSD 的敏感频率。α 参数对振动响应量的分布影响较大，这是因为 α 是以平方的形式作为拟合式中分母的累加项，相对于整个数值变化贡献较大。不平度频率指数 w 对飞机重心处竖向加速度 PSD 的影响较小，曲线形式基本不发生变化。随着不平整系数 C 的增加，飞机重心处竖向加速度 PSD 也增加，当 C 呈线性增加时，相应的 PSD 也呈现线性变化规律。

2. 滑跑速度对振动响应量 PSD 分布的影响

典型沥青跑道不平整激励下，B737-800 机型在不同滑跑速度下，重心处竖向加速度 PSD、主起落架动载系数 PSD 分布曲线如图 5.14 所示。整体上，随着滑跑速度的增加，两个振动响应量的 PSD 也增加，这表明不考虑升力作用下，滑跑

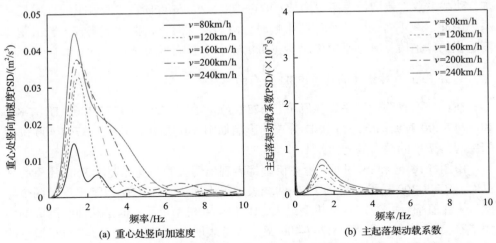

(a) 重心处竖向加速度	(b) 主起落架动载系数

图 5.14　不同滑跑速度对重心处竖向加速度 PSD 和主起落架动载系数 PSD 分布的影响

速度越快，飞机振动影响越大。速度变化导致飞机振动响应量的敏感频率也发生变化，最敏感频率分布在1～2Hz，且随着滑跑速度增加呈先增加后降低的趋势。

计算振动响应量的方差，四个振动响应量方差随滑跑速度的分布曲线如图5.15所示。

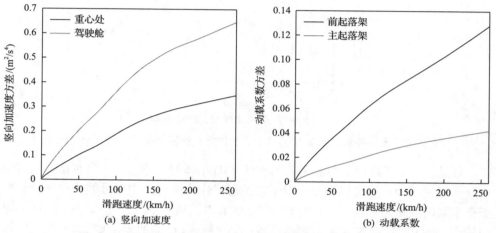

图5.15　不同滑跑速度对竖向加速度及动载系数方差分布的影响

滑跑速度对重心处、驾驶舱竖向加速度的影响表现出三阶段趋势：在40～120km/h，随着滑跑速度增加，竖向加速度方差增长速率越来越快；在120～180km/h，竖向加速度方差随滑跑速度线性增加；在180～250km/h，竖向加速度方差变化又表现出非线性的速度增大趋势。对于动载系数方差，滑跑速度对前起落架、主起落架的影响表现为两阶段趋势：在40～100km/h，随着滑跑速度的增加，动载系数方差增长速率也增加；但在100～250km/h阶段，两者呈线性增长关系。因此，在不考虑升力作用的影响时，滑跑速度对飞机振动影响较大，滑跑速度越快的跑道段，其不平整激励对飞机滑跑安全影响更为显著。

3. 不同机型对振动响应量PSD分布的影响

在典型沥青跑道不平整激励下，B737-800、B757-200、B777-300、B787-800和B747-400对振动响应量PSD分布的影响如图5.16所示。其中，B747-400机型的主起落架指的是右外起落架。

由图5.16(a)和(b)可见，上述机型都表现出驾驶舱竖向加速度PSD比重心处更大。B777-300机型对应的PSD曲线表现更为尖锐，在1Hz以下出现了两个峰值。从峰值来看，B777-300机型最大、B747-400机型最小；但是从曲线围成的面积来看，B737-800最大、B747-400最小。这表明上述机型中，B747-400振动响应最小，在相同的条件下抵抗不平整激励的能力最强；而B737-800振动响应最

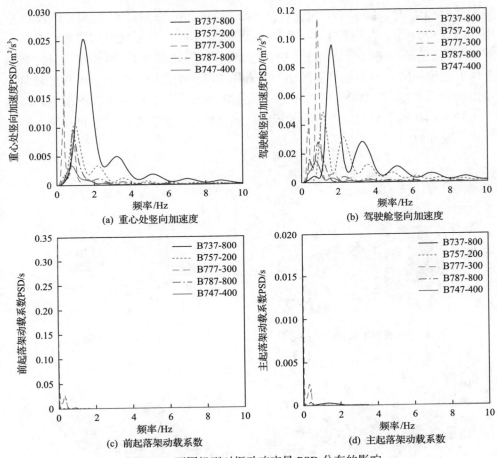

图 5.16　不同机型对振动响应量 PSD 分布的影响

大，相同不平整激励下飞机振动更剧烈；B777-300 机型对激励频率的偏好性最强，在敏感频率下表现非常强烈，但是在其他频率下基本不产生响应，因此跑道上要尽量避免这类机型的最敏感波长。统计发现最敏感频率从小到大排列依次为 B747-800、B777-300、B787-800、B757-200、B737-800，这表明越大的飞机，最敏感频率越低，若换算成波长，则大型飞机振动对长波不平整更加敏感。

但是从图 5.16(c) 和 (d) 中可以发现，不同机型的主起落架和前起落架的动载系数 PSD 分布与竖向加速度不同，B777-300 机型的动载系数表现得比其他机型更大，敏感频率与竖向加速度的第一个峰值对应的敏感频率相似。

4. 不同运动姿态对振动响应量 PSD 分布的影响

设置跑道起飞距离为 2500m，飞机在速度为 260km/h 时离地起飞，整个过程加速度为 1.04m/s²，B737-800 机型在典型沥青跑道上起飞过程的振动响应量 PSD 分布如图 5.17 所示。在跑道上某一瞬时系统响应的 PSD 分布规律和匀速稳态响应基本一致。随着起飞滑跑距离的增加，飞机滑跑速度越来越大，振动响应量的 PSD 总体上是增加的，但不是单调增加，也有局部减小的情况。例如，重心处竖向加速度功率谱密度在 1000～1500m 这一段距离内机身共振频率附近的谱值局部减少。基本上在各个空间段内飞机的最敏感频率保持不变，这是飞机自身结构固有频率不变导致的。

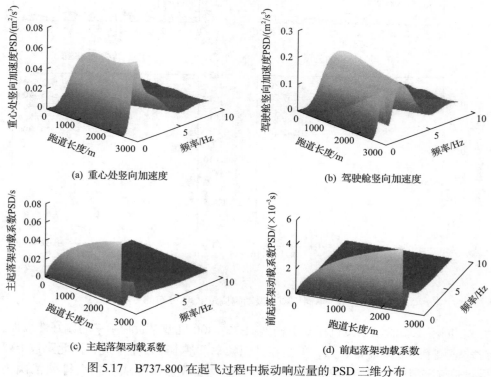

(a) 重心处竖向加速度　　　　　　　　　　(b) 驾驶舱竖向加速度

(c) 主起落架动载系数　　　　　　　　　　(d) 前起落架动载系数

图 5.17　B737-800 在起飞过程中振动响应量的 PSD 三维分布

设置 B737-800 飞机降落接地速度为 220km/h，实际着陆距离按照 1000m 计算，加速度为–1.86m/s²。在整个降落过程中振动响应量的 PSD 分布如图 5.18 所示，整体上看，越靠近飞机着陆地点的振动响应功率谱密度越大，因此跑道着陆的前半段不平整激励对飞机振动影响更大。对比飞机起飞过程，降落过程中飞机振动响应量的 PSD 更大，这是因为降落飞机由于飞行过程中耗油而质量变得更小，且飞机降落减速过程的加速度更大，因此降落跑道比起飞跑道的平整度更应该受到管理者的关注。

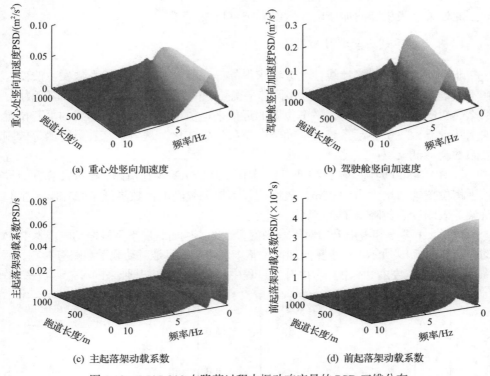

(a) 重心处竖向加速度

(b) 驾驶舱竖向加速度

(c) 主起落架动载系数

(d) 前起落架动载系数

图 5.18　B737-800 在降落过程中振动响应量的 PSD 三维分布

5.3.3　考虑升力作用的飞机动力学响应

与路面上行驶的车辆以及铁轨上行驶的列车不同,飞机在跑道上滑跑还受到升力作用。因此,单独考虑升力作用的飞机滑跑过程变成了确定性外力作用下的随机振动分析问题。

升力产生在高速滑跑飞机的机翼上,为简化模型,将升力的合力作用在飞机重心处,并按照质量分配系数分配到各个起落架上。在飞机滑跑随机振动频域分析中,更多关注振动能量的分布(功率谱密度)和整个振动过程的统计值(均值、方差、标准差),无须过度地分析历时过程。考虑到升力是从飞机一定速度滑跑后就持续作用,所以不探究升力作用后飞机系统的振荡过程,而是从统计意义上对5.3.2 节的研究成果进行补充和完善。

因此考虑升力作用后飞机滑跑随机振动过程主要产生三大影响:

(1) 飞机机身在升力作用下产生竖向位移,增加了机身竖向位移的均值。

(2) 在统计线性化过程中飞机等效力学参数发生了改变。

(3) 在升力作用下飞机轮胎的动载变小了。

此处关注飞机竖向加速度, 所以影响(1)暂不考虑。

1. 升力对等效力学参数的影响

非零均值响应使统计线性化方法求得的等效刚度系数和阻尼系数发生改变。在不考虑升力的条件下, 竖向位移偏移平衡位置的概率密度函数近似平均值为 0, 那么飞机的升力为定值时, 平衡位置的近似平均值增大至 μ。起落架的平衡位置向上移动导致飞机振动系统的活动竖向位移发生变化, 从斜率来看最终的等效刚度系数会降低。

以 B737-800 为例, 在典型沥青跑道中以 100km/h 匀速滑跑, 经过计算升力导致平衡位置均值增大为 0.05m, 最终前起落架等效刚度系数降低了 27.8%, 主起落架等效刚度系数降低了 35.9%。

最终, 不考虑和考虑升力对等效刚度系数的影响时, 带来飞机振动响应量 PSD 的差异如图 5.19 所示。对于竖向加速度基本无影响, 但是对动载系数略有影响, 标准差相差 1.5% 左右, 本书在考虑升力过程中仍精细化考虑其带来的等效参数影响。

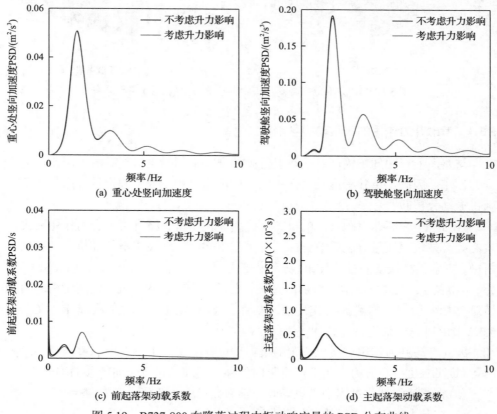

图 5.19　B737-800 在降落过程中振动响应量的 PSD 分布曲线

2. 升力对动载系数的影响

飞机升力作用"相当于"飞机重力的减少，可降低跑道的荷载至静载以下。研究表明，针对同一机型，飞机升力大小与滑跑速度的平方呈正比关系。以 B737-800 为例，该机型起飞决断速度为 260km/h，在决断速度下假定飞机升力与飞机重力刚好相等，那么该机型在不同速度下由升力导致的动载系数如图 5.20 所示，两者呈抛物线的递减关系。

与不平整激励影响动载系数的标准差不同，升力持续作用会影响动载系数的均值。结合上述成果可知，在滑跑速度 v 较小时，飞机动载系数表现出高均值、低标准差；而在滑跑速度 v 较大时，飞机动载系数表现出低均值、高标准差 (图 5.21)。因此，分析不同机型在不同滑跑速度下，由跑道不平整激励和升力综合作用导致的动载系数分布规律，将对机型最不利速度以及跑道平整度针对性控制具有重要意义。

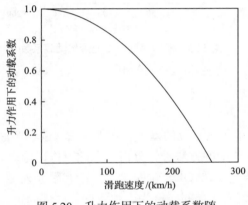

图 5.20　升力作用下的动载系数随
滑跑速度的变化曲线

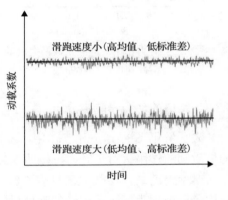

图 5.21　滑跑速度大小对动载系数的影响

以 3 倍的标准差作为不平整激励下动载系数的最大值，并与升力作用下的动载系数均值相加作为最终的动载系数最大值，以该指标研究不同机型的最不利速度影响。

1) 前起落架与主起落架的影响

B737-800 在典型沥青跑道下以 100km/h 的速度滑跑，前起落架和主起落架的动载系数最大值分布如图 5.22 所示。主起落架最敏感的滑跑速度在 60km/h 左右，而前起落架最敏感的滑跑速度在 180km/h 左右，这种差别是因为不平整激励对前起落架的影响较大，速度增大对不平整激励所带来的动载系数增加比升力影响更大。

2) 不同机型的影响

考虑到主起落架质量分配得更多，图 5.23 表示不同机型在不同滑跑速度下，主起落架动载系数最大值的分布情况。可见，随着滑跑速度的增加，5 种机型的主起落架动载系数最大值都呈现出先增大后减小的趋势，这表明各个机型都存在最敏感速度，这个速度下该机型对典型沥青跑道的附加应力最大、主起落架疲劳损伤最为严重。由图 5.23 可知，飞机敏感速度与机型、跑道平整度水平密切相关。

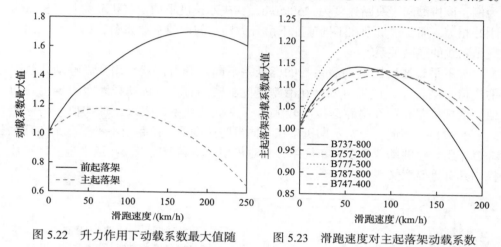

图 5.22　升力作用下动载系数最大值随　　图 5.23　滑跑速度对主起落架动载系数
　　　　　滑跑速度的变化曲线　　　　　　　　　　　最大值的影响

5.3.4　跑道的动力学响应分析

　　为了量化飞机-跑道相互作用系统与单飞机系统的差异，单纯考虑跑道不平整随机激励的作用，对于升力可按照 5.3.3 节中的方法进行分析，在此不作讨论。

　　典型跑道结构参数取值见表 5.8。通过 ABAQUS 软件建立三维有限元模型，结构各层由均质、各向同性的弹性材料组成，层间接触为连续条件，底部固定，纵向两端施加沿 x 方向的约束，横向两端施加沿 z 方向的约束，采用三维实体单元 C3D8R 对网格进行划分。

表 5.8　典型跑道结构参数取值

结构层	厚度/cm	动态模量/MPa	泊松比	密度/(kg/m^3)
沥青面层	16	1800	0.30	2400
半刚性基层	20	2000	0.20	2300
底基层	20	1500	0.20	2300
垫层	34	200	0.35	2000
土基	910	60	0.40	1800

　　基于 ABAQUS 软件对该有限元模型进行模态分析，跑道的前四阶振型分析

如图 5.24 所示，相对应的频率分别为 10.671Hz、19.54Hz、19.54Hz、21.05Hz；为了方便分析，前四阶振型对应的阻尼比都取为 0.05。

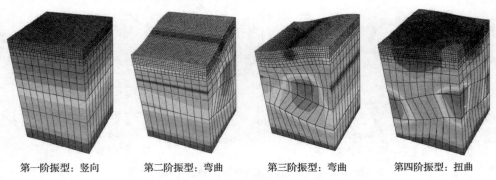

第一阶振型：竖向　　　　第二阶振型：弯曲　　　　第三阶振型：弯曲　　　　第四阶振型：扭曲

图 5.24　跑道结构的前四阶振型

以质量最大的 B747-400 机型为例，两自由度模型中簧载质量为 181080kg，非簧载质量为 1150kg，以 120km/h 在典型沥青道面上滑跑，最终考虑与跑道耦合及不考虑耦合的情况如图 5.25 所示。从图中可以看出，第一阶振型竖向位移的 PSD 比其他三阶都大，这表明在飞机荷载作用下跑道变形以竖向位移为主；但是四阶振型位移的 PSD 都很小，量级都分布在 10^{-6} 左右。计算四阶位移的标准差，分别为 0.78mm、0.22mm、0.22mm 和 1.92mm，这表明在飞机-跑道相互作用系统中跑道结构的变形量非常有限。

单个飞机系统和飞机-跑道相互作用系统对飞机振动响应量 PSD 的影响如图 5.26 所示。从图中可以看出，无论是簧载质量的竖向加速度还是动载系数，对于飞机滑跑过程而言，考虑相互作用系统与单个系统几乎没有差别，两者的振动响应量标准差相差不足 0.5%。因此，跑道平整度对飞机滑跑的振动响应可忽略跑道结构的相互作用效应，这对简化模型、提高计算效率具有重要意义。

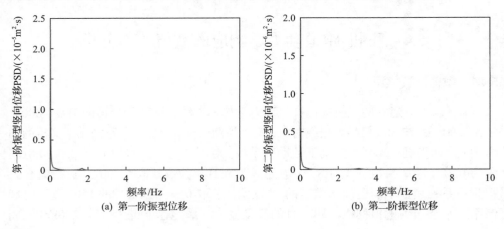

(a) 第一阶振型位移　　　　　　　　　　(b) 第二阶振型位移

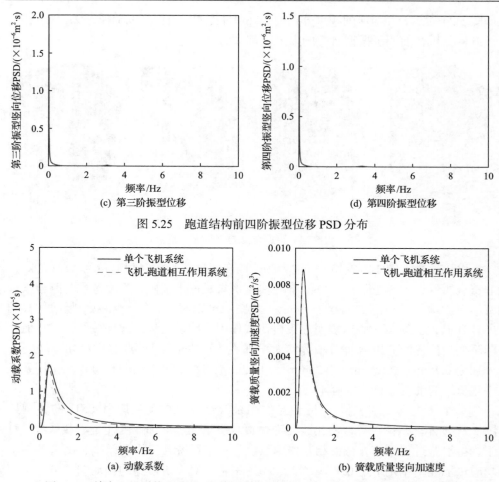

图 5.25　跑道结构前四阶振型位移 PSD 分布

图 5.26　单个飞机系统和飞机-跑道相互作用系统对飞机振动响应量 PSD 的影响

5.4　飞机-跑道动力学响应的数值仿真分析

5.4.1　数值仿真模型

基于 4.1 节建立的飞机虚拟样机动力学仿真方法，以波音公司的 B737-800、B757-200、B777-300 机型为研究对象，实施滑跑仿真，分析不平整激励下飞机的动力响应，即飞机在不平整激励下的动载系数。对不平整系数 C 取 0.1、0.2～0.8(间隔为 0.2)、频率指数 w 取 1.8～3.0(间隔为 0.2)、参数 α 取 0.0007，进行组合，得到一系列表征不同道面平整度的 PSD 函数，取 0.5～120m[19]的 PSD 重构时域激励不平整作为虚拟样机滑跑仿真的激励输入，滑跑速度设为 40～200km/h(间隔 40km/h），兼顾低速滑跑和高速滑跑的情况。

随后，基于 4.2 节建立的 ABAQUS 仿真方法，考虑 4 种道面不平整状态，以虚拟样机仿真得到的 B777-300 主起落架最不利动力响应，即最大动载系数状况下的飞机荷载作为道面承受的接触力，分析道基在道面不平整、升力作用、速度放大效应的共同影响下动应力分布特征与变化规律。道面-道基结构及各个结构层的动态模量等参数见表 5.9。考虑应力扩散作用，具体的道基-道面有限元模型沿纵向（沿飞机滑跑方向）取 50m，横向（垂直飞机滑跑方向）取 40m，土基深度取 15m，并在底部设置无限单元，具体模型如图 5.27 所示。

表 5.9　各结构层模型材料参数

结构层	厚度/cm	材料	动态模量/MPa	密度/(kg/m³)	泊松比	瑞利阻尼系数	
						α	β
面层	40	水泥混凝土	36000	2400	0.15	0.93	0.0027
基层	40	水泥稳定碎石	1500	2100	0.2	0.93	0.0027
垫层	20	级配碎石	210	2000	0.3	0.41	0.0061
道基	1500	压实土	70	1900	0.35	0.41	0.0061

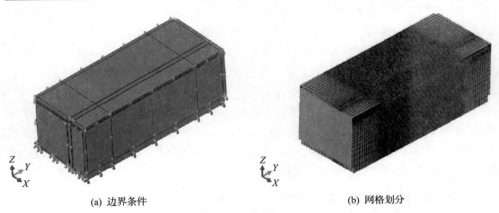

(a) 边界条件　　　　　　　　　(b) 网格划分

图 5.27　数值仿真模型示意图

5.4.2　飞机的动力学响应分析

1. 前起落架和主起落架动载系数对比

以道面平整度良好（C=0.1，w=1.8）和平整度较差（C=0.8，w=3.0）的情况为例，B737-800 在跑道上以不同速度滑跑时前起落架和主起落架的动载系数（DLC）如图 5.28 所示。假设飞机滑跑动载系数为正态分布，则动载系数水平不超过动载均值加 3 倍标准差的概率为 99.87%，因此取动载系数均值加 3 倍标准差作为最大动载系数[20]。

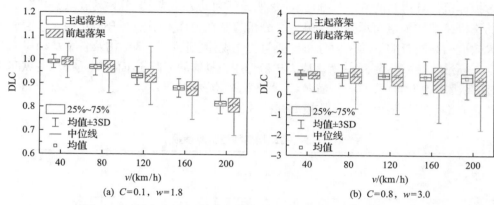

(a) C=0.1，w=1.8　　　　　　　　(b) C=0.8，w=3.0

图 5.28　不同速度下前起落架和主起落架动载系数随速度的变化

对比可以发现，前起落架和主起落架的动载系数均值基本一致，且都随着速度增大而减小，但前起落架动载系数的变异性，即标准差更大，使得前起落架最大动载系数可达主起落架最大动载系数的 1.05～1.85 倍。当飞机以 200km/h 速度滑跑时，随着 PSD 参数从 C=0.1，w=1.8 增大到 C=0.8，w=3.0，主起落架最大动载系数增大到 2.13 倍，而前起落架最大动载系数增大到 3.60 倍，说明道面不平整对前起落架的影响更大，与 Chen 等采用 APRas 软件得到的结论一致[21]。这是因为飞机前起落架远离飞机重心，而主起落架更接近飞机重心，使得飞机滑跑过程中位于飞机前部的前起落架振动更加剧烈。

尽管前起落架最大动载系数能达到主起落架最大动载系数的 1.85 倍，但是 B737-800 的主起落架质量分配系数为 93.6%，计算可得主起落架的最大动载系数至少为前起落架的 3.95 倍，因此选取主起落架为研究对象来分析道面不平整和滑跑速度对飞机滑跑动载系数的影响。

2. 道面不平整对主起落架动载系数的影响

图 5.29 和图 5.30 分别为主起落架动载系数随 C 和 w 的变化情况。可以看出，当飞机以一定速度滑跑时，随着 C 和 w 的增大，道面不平整加剧，主起落架的动载系数均值变化不大，而动载系数的变异性和最大动载系数增大。当 w=3.0，v=200km/h 时，不平整指数 C 从 0.1 增大到 0.8，最大动载系数增大到 1.61 倍。而当 C=0.8，v=200km/h 时，频率指数 w 从 1.8 增大到 3.0，最大动载系数增大到 1.97 倍。这说明 C 和 w 的增大，均会使飞机起落架动载系数的变异性增大，从而增大最大动载系数。而现有研究[22-24]在分析跑道不平整对飞机滑跑动载系数的影响时，多将 w 取固定值 2.0，低估了 w 对飞机滑跑动载系数的影响。

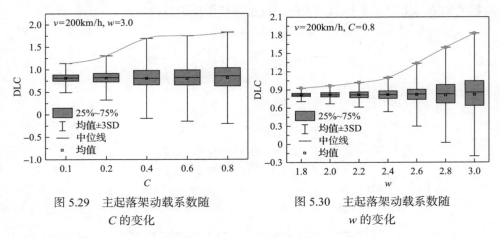

图 5.29 主起落架动载系数随 C 的变化　　图 5.30 主起落架动载系数随 w 的变化

不同速度下最大动载系数随 C 和 w 变化的情况如图 5.31 和图 5.32 所示。可以看出，随着 C 的增大，最大动载系数的增长速率逐步放缓。而随着 w 的增大，最大动载系数的增长速率越来越快。在高速下最大动载系数随 w 的增大较低速时更明显，这是因为 w 表征道面不平整的波长组分情况，w 越大，道面不平整中长波成分越显著，而飞机高速滑跑时对长波更敏感，因此高速下 w 对飞机滑跑最大动载系数的影响较低速时更明显。

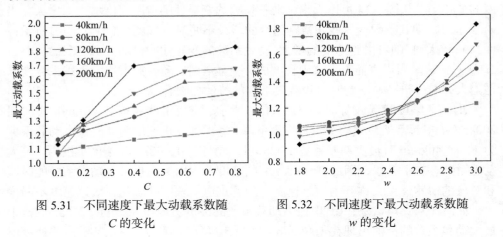

图 5.31 不同速度下最大动载系数随 C 的变化　　图 5.32 不同速度下最大动载系数随 w 的变化

3. 滑跑速度对主起落架动载系数的影响

飞机以不同速度匀速滑跑时的动载系数均值如图 5.33 所示。随着滑跑速度的增大，飞机升力逐渐增大，主起落架动载系数均值逐渐减小。考虑到飞机升力与滑跑速度的平方成正比，利用速度的平方对各个速度下的动载系数均值进行拟合[24]，得到的二次回归方程决定系数很高（$R^2=0.9998$）。可见飞机滑跑过程中动载系数的均值与道面不平整水平无关，仅由飞机滑跑速度决定。

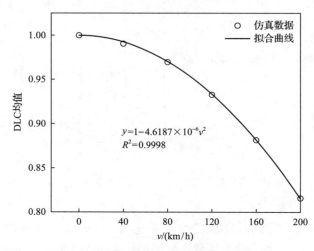

图 5.33   各滑跑速度下动载系数均值的变化

4. 道面不平整和滑跑速度对动载系数的耦合影响

图 5.34 为各种道面平整度状况下飞机滑跑过程中主起落架动载系数随滑跑速度的变化图。从图 5.34 可以看出，动载系数的变异性随滑跑速度增大而增大。当 w 较小时，动载系数变异性随滑跑速度的增长不明显，如图 5.34(a)～(c)所示；而当 w 较大时，随着滑跑速度的增大，动载系数的变异性明显增大，如图 5.34(d)～(f)所示。这表明当道面不平整中长波成分更显著时，随着速度增大动载系数变异性增大，与飞机高速滑跑时对长波更敏感的特性相吻合。

跑道平整度状况较好时如图 5.34(a)所示，飞机滑跑速度从 40km/h 增加到 200km/h，主起落架最大动载系数一直下降，考虑到飞机速度为 0 时最大动载系数为 1，而 40km/h 时最大动载系数 1.026＞1，说明在 0～40km/h 速度范围内，最大动载系数存在上升段，因此 0～40km/h 的速度范围内会出现最大动载系数的极值和对应的滑跑速度，称其为敏感速度。随着跑道平整度的恶化，敏感速度不断增大，如图 5.34(b)、(c)、(d)中最大动载系数的极值出现在 80km/h，图 5.34(e)中最大动载系数的极值出现在 160km/h，而图 5.34(f)中最大动载系数随滑跑速度增大而增大，未出现极值，说明此时敏感速度已大于 200km/h。

飞机在滑跑过程中，同时受到道面不平整激励和升力的作用，飞机滑跑速度较低时，机翼提供的升力较小，道面不平整的作用更显著，最大动载系数处于上升阶段；随着滑跑速度的不断增加，飞机受到的升力大幅提升，其对动载系数的减小效应超过不平整激励对动载的增大效应后，最大动载系数开始减小，因此在两者的综合作用下最大动载系数会出现先上升后下降的现象。在跑道平整度较好时，道面不平整对动载系数的影响较小，此时敏感速度也较小。而随着道面不平整的加剧，不平整激励对飞机振动的影响越来越强烈，使得敏感速度不断增大，如图 5.35 所示。

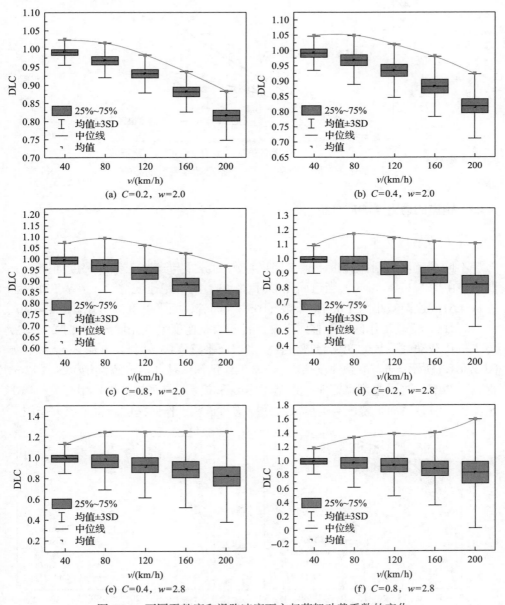

图 5.34 不同平整度和滑跑速度下主起落架动载系数的变化

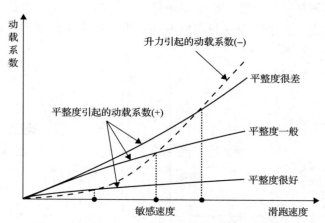

图 5.35　飞机升力和跑道不平整对动载系数的影响

5.4.3　跑道的动力学响应分析

1. 应力竖向分布

不同平整度与滑跑速度下道基竖向应力的分布与道基工作区深度如图 5.36 所示。由图 5.36 (a) 可知，当道面光滑时 ($C=0$)，随滑跑速度增大，道基工作区深度从 4.61m 逐渐减小为 1.60m，下降了 65%。随着道面平整度的劣化 [图 5.36 (b)、(c) 和 (d)]，道基工作区深度整体上升，且随滑跑速度呈现先增大后减小的趋势，与飞机荷载动载系数的变化趋势一致。当道面平整度极差时 ($C=0.8$，$w=2.8$)，如图 5.36 (e) 所示，随着滑跑速度增大，道基工作区深度从 4.61m 逐渐增大为 5.72m，提高了 24%。当平整度良好时，道基工作区深度主要与飞机升力作用有关；当平整度较差时，道面平整度与速度放大效应均对道基工作区深度产生了放大作用。

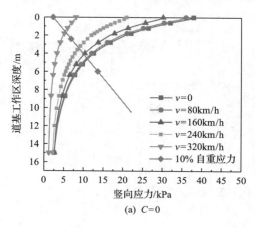

(a) $C=0$

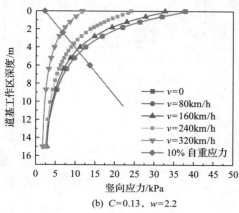

(b) $C=0.13$，$w=2.2$

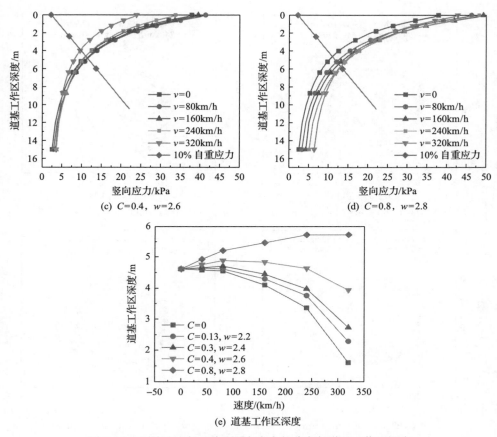

图 5.36　不同平整度下道基竖向应力的分布与道基工作区深度

2. 应力路径

图 5.37 为不同平整度下道基土单元的应力路径。由图可知，平整度的变化不改变土单元应力路径的"心形"形状、偏转情况与"犄角"现象，但直接影响动应力的大小，使应力路径形状大小发生变化。在道基浅层($z=1$m)，土单元应力路径主要受道面不平整激励下飞机荷载的影响。在道基深层($z=4$m)，土单元应力路径受不平整激励与速度放大效应的共同影响。当道面平整度很差时($C=0.4$，$w=2.6$)，随着道基深度的增加，320km/h 下的土单元应力路径与 240km/h 下的土单元应力路径的差距明显减小。当道面平整度极差时($C=0.8$，$w=2.8$)，320km/h 下的土单元应力路径在道基浅层与其他速度下的应力路径相近，但在道基深处的放大效应明显，显著大于其他速度下的应力路径。

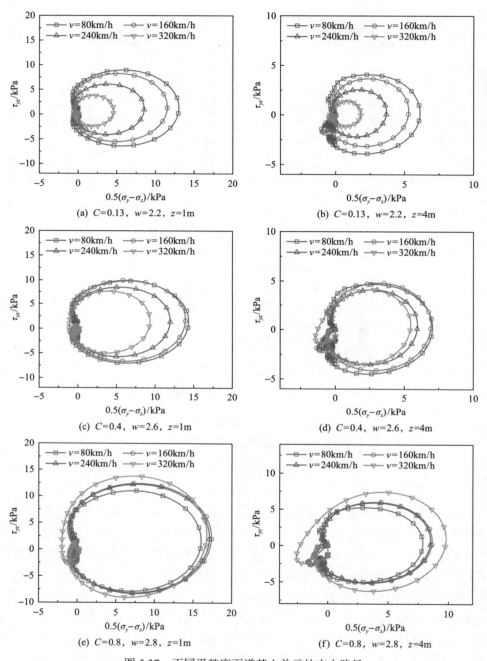

图 5.37　不同平整度下道基土单元的应力路径

参 考 文 献

[1] 凌建明, 刘诗福, 袁捷, 等. 采用 IRI 评价机场道面平整度的适用性[J]. 交通运输工程学报, 2017, 17(1): 20-27.

[2] 岑业波. 随机激励飞机荷载作用下的道基附加应力分布特征[D]. 上海: 同济大学, 2020.

[3] 刘诗福. 飞机滑跑振动动力学响应及跑道平整度评价[D]. 上海: 同济大学, 2019.

[4] Federal Aviation Administration. Surface roughness final study data collection report[R]. Washington DC: Federal Aviation Administration, 2014.

[5] Houbolt J C. Runway roughness studies in the aeronautical field[J]. American Society of Civil Engineers Transactions, 1962, 127(4): 427-447.

[6] Emery S, Hefer A, Horak E. Roughness of runways and significance of appropriate specifications and measurement[C]//Proceedings of the 11th Conference on Asphalt Pavements for Southern Africa, Sun City, 2015.

[7] Dodds C J, Robson J D. The description of road surface roughness[J]. Journal of Sound & Vibration, 1973, 31(2): 175-183.

[8] Sussman N E. Statistical ground excitation models for high speed vehicle dynamic analysis[J]. High Speed Ground Transportation Journal, 1974, 8(3): 145-154.

[9] Gillespie T D. Heavy truck ride[R]. Warrendale: Society of Automotive Engineers, 1985.

[10] Sayers M. Characteristic power spectral density functions for vertical and roll components of road roughness[C]//Proceedings of the ASME Symposium on Simulation and Control of Ground Vehicles and Transportation Systems, Anaheim, 1986.

[11] Marcondes J, Burgess G J, Harichandran R, et al. Spectral analysis of highway pavement roughness[J]. Journal of Transportation Engineering, 2015, 117(5): 540-549.

[12] Xu D M, Mohamed A M O, Yong R N, et al. Development of a criterion for road surface roughness based on power spectral density function[J]. Journal of Terramechanics, 1992, 29(4): 477-486.

[13] 张永林. 车辆道路数值模拟与仿真研究[D]. 武汉: 华中科技大学, 2010.

[14] 张洪欣, 宋传学, 王秉刚, 等. 汽车行驶平顺性的计算机预测[J]. 汽车工程, 1986, 8(1): 21-31.

[15] Ammon D. Problems in road surface modelling[J]. Vehicle System Dynamics, 1992, 20(sup1): 28-41.

[16] Bogsjö K. Coherence of road roughness in left and right wheel-path[J]. Vehicle System Dynamics, 2008, 46(sup1): 599-609.

[17] 王亚, 陈思忠, 郑凯锋. 时空相关路面不平度时域模型仿真研究[J]. 振动与冲击, 2013, 32(5): 70-74.

[18] Liu X, Wang H, Shan Y, et al. Construction of road roughness in left and right wheel paths based on PSD and coherence function[J]. Mechanical Systems and Signal Processing, 2015, 60-61: 668-677.

[19] Loprencipe G, Cantisani G. Unified analysis of road pavement profiles for evaluation of surface characteristics[J]. Modern Applied Science, 2013, 7(8): 1-14.

[20] 朱立国, 陈俊君, 袁捷, 等. 基于虚拟样机的飞机滑跑荷载[J]. 同济大学学报(自然科学版), 2016, 44(12): 1873-1879.

[21] Chen Y, Chou C. Effects of airport pavement-profile wavelength on aircraft vertical responses[J]. Transportation Research Record, 2004, 1889(1): 83-93.

[22] 吕耀志, 董倩, 胡春飞, 等. 跑道动荷载与国际平整度指数关系研究[J]. 中外公路, 2013, 33(3): 74-77.

[23] Shi X, Cai L, Wang G, et al. A new aircraft taxiing model based on filtering white noise method[J]. IEEE Access, 2020, 8: 10070-10087.

[24] 雷继超, 石鑫刚, 蔡良才, 等. 滤波白噪声法的单轮起落架滑跑模型[J]. 空军工程大学学报(自然科学版), 2020, 21(3): 12-18.

第 6 章　着陆冲击作用下的飞机-跑道动力学响应

飞机着陆对跑道产生冲击作用，这种冲击荷载与滑跑激振的随机荷载不同，所产生的飞机-跑道动力学响应也不同。飞机对称着陆、滚转着陆、偏航着陆等不同着陆行为下机轮竖向荷载、纵向荷载和侧向荷载呈现独有的特征。采用虚拟样机仿真和时变解析方法可以分析着陆冲击作用下飞机-跑道的动力响应，进而揭示飞机机型、机轮下沉速度、道面位置等关键因素对动力学响应的影响规律。

6.1　飞机着陆冲击过程

飞机降落时必须建立良好的着陆姿态，机头需向上仰起，以提供更大的攻角，减小降落速度，如图 6.1 所示。此外，仰角也不能过大，以防止飞机发生失速。一个标准飞机着陆姿态的建立，需要放下起落架，放全襟翼，抬起机头大概 3°左右，打开减速板的起落架自动传感，打开轮子上的自动制动，随后通过调节油门，让飞机沿一条向下 3°的下滑道慢慢匀速下降[1]。然后，飞机以 15m 的高度进入跑道口，并对准距跑道端部 305m 左右的位置进行降落。在接地前，飞机还必须退出着陆姿态，驾驶员将操纵杆实施后拉的操作，飞机头部由之前的 3°进一步抬高到 5°或以上。由于攻角增大，机翼产生的升力大于重力，飞机获得一个向上的加速度，下降速率逐步减小，随后飞机落地。民航飞机的着陆下沉速度一般为 0.31～0.91m/s，若超过 1.32m/s 便称为硬着陆。此外，《运输类飞机适航标准》(CCAR-25-R4)中规定的限制下沉速度为 3.05m/s[2]。

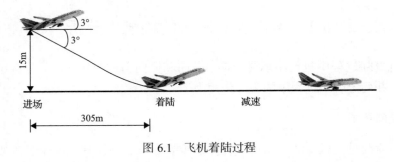

图 6.1　飞机着陆过程

飞机降落平飘约 2s 后(速度约为 200km/h，发动机残余推力约占 20%)放下扰流板并开启反推，阻力增大且升力被破坏，飞机速度下降至一定程度后(约为

110km/h，发动机残余推力约占 5%），扰流板收起，反推关闭；飞机继续制动至一定速度（约为 70km/h），然后从快滑道脱离跑道。

根据飞机着陆时的姿态，可以分为对称着陆和非对称着陆，非对称着陆包括滚转着陆和偏航着陆[3]。

1. 对称着陆

对称着陆是指飞机在着陆过程中，左、右主起落架同时接触跑道，即飞机的运动状态关于飞机机体的纵向对称面是完全对称的。根据飞机着陆时的仰角又可以分为：①尾沉着陆，即迎角不为 0°，主起落架首先落地；②水平着陆，即迎角为 0°，前起落架和主起落架同时落地。现实中，严格的对称着陆并不存在，但左、右主起落架同时接触跑道的假设能够大幅简化模型、减少计算量，且适用于大多数的着陆情况，因此飞机着陆动力响应研究通常采用对称着陆形式。

2. 滚转着陆

滚转着陆是指飞机在着陆过程中，一个起落架首先接触跑道，其余起落架相继落地。该过程中存在滚转速率，会产生一个恢复力矩，使受力起落架在达到最大荷载前就发生减载，导致飞机倒向另外一侧。这种工况现实中较为常见。

3. 偏航着陆

偏航着陆的定义为：飞机着陆接近地面时，若风向不完全平行于跑道，则侧向风会导致飞机倾斜，飞行员将采取措施使飞机稍稍倾斜，即与侧风使飞机倾斜的方向相反；并采用一定的航向偏角维持飞机的正常着陆。偏航着陆是一种较为不利的工况，一般仅有主起落架接触跑道，重点考虑垂向荷载和侧向荷载同时作用的不利受载状况。

6.2　飞机着陆冲击的接触力分析

飞机着陆过程中机轮将承受竖向、纵向和侧向力的作用。本节分析这三种力的作用，并确定着陆过程中的主导作用力。

6.2.1　竖向荷载

竖向荷载是飞机着陆撞击严重程度的重要标志之一，其规律受起落架缓冲器性能、轮胎充填参数、驾驶员对升降舵的操纵、飞机下沉速度、接地速度以及机场表面平整度等因素的影响[4]。准确描述该荷载需要考虑以下要素。

（1）竖向荷载系数。即着陆过程中机轮最大竖向荷载与静载的比值。根据许金余等[5]着陆荷载谱的现场实测结果，竖向荷载系数在 0.16～2.34 变化，除去理想飘滑和粗暴着陆，一般为 0.5～1.27。汤阿妮[6]分析某种军用机型的实测数据指出竖向荷载系数均值为 0.727。

（2）主起落架各轮荷载分配情况。飞机着陆时存在 6.1 节所述的不同着陆状态，所以主起落架各轮未必均摊总荷载，其分配规律值得关注。潘文廷等[7]研究指出，在着陆竖向荷载达到峰值时主起落架各轮基本是均摊总荷载；而在着陆初期，后轮主要承担荷载，但这时总荷载很小，且该过程持续时间很短，短时间后荷载就在各轮趋于均布。因此，本章假定飞机对称着陆，竖向荷载在主起落架各轮中是均匀分布的。

（3）竖向荷载随时间的变化规律。大量研究表明，飞机在着陆过程中竖向荷载是随时间变化的动载，从零增至最大值需时 0.15～0.2s，且荷载随时间的变化规律性较好，可近似用抛物线或正弦曲线表示。但峰值减小的过程中变化规律性不强。文献[5]中实测了着陆竖向荷载的时程变化曲线，如图 6.2 所示。可假定荷载从峰值减小的后半段过程与前半段规律相同，用半正弦曲线模拟整个荷载作用过程。

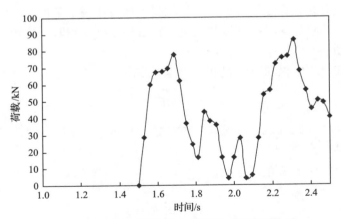

图 6.2　实测飞机着陆竖向荷载的时程变化曲线

飞机着陆过程中竖向荷载 $F_c(t)$ 的计算公式为

$$F_c(t) = (1 + C_\delta \dot{\delta}) C \delta^n \tag{6.1}$$

式中，δ、$\dot{\delta}$ 分别为轮胎压缩量和轮胎压缩速率；C 为轮胎垂直变形系数；C_δ 为轮胎复合垂直阻尼系数，一般可取为 0.04s/m；n 为轮胎垂直（非线性）变形指数。$F_z = C\delta^n$ 为轮胎静压曲线，如图 6.3 所示。

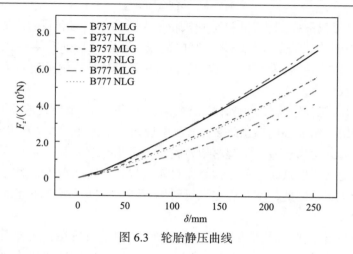

图 6.3　轮胎静压曲线

6.2.2　纵向荷载

飞机还未着陆时，机轮不发生转动，处于静止状态；在着陆瞬间，机轮相对飞机静止，即相对地面有较大的速度，因此在机轮接触道面的一刹那，机轮相对地面处于滑动状态；同时，该瞬间与地面的摩擦力导致机轮从静止状态开始发生滚动，即起转开始；在起转过程中，机轮受摩擦力作用不断加速，处于既滑动又滚动的状态；当机轮滚动线速度与飞机滑跑水平速度一致时，起转过程结束，机轮处于纯滚动状态[8,9]。

飞机着陆过程中纵向荷载 F_x 的计算公式如下：

$$F_x = \mu F_c(t) \tag{6.2}$$

式中，μ 为轮胎与跑道之间的航向摩擦系数，起转过程中航向摩擦系数可以通过轮胎纵向滑移率 S_c 确定。

轮胎纵向滑移率 S_c 的定义为

$$S_c = \frac{v_x - \omega\left(R_0 - \dfrac{\delta}{3}\right)}{v_x} \tag{6.3}$$

式中，v_x 为机轮轴线水平速度，即飞机滑跑水平速度；ω 为机轮滚动角速度；R_0 为机轮半径。

图 6.4 为轮胎摩擦系数与滑移率的对应关系图。研究表明，最大摩擦系数 $\mu_{\max}$ 并非出现在机轮接触跑道的一刹那，而是出现在触地以后的某个时刻，这个时刻的滑移率 S_{cc} 称为关键滑移率。定义机轮刚触地时的摩擦系数为 $\mu_0(S_c = 1)$，则机轮起转过程中任意时刻的摩擦系数 μ 为

$$\mu = \begin{cases} \mu_{\max} S_{c} / S_{cc}, & 0 < S_{c} \leqslant S_{cc} \\ \mu_{\max}, & S_{c} = S_{cc} \\ \mu_{0} + \dfrac{\mu_{\max} - \mu_{0}}{1 - S_{cc}}(1 - S_{c}), & S_{cc} < S_{c} \leqslant 1 \\ \mu_{0}, & S_{c} = 1 \end{cases} \qquad (6.4)$$

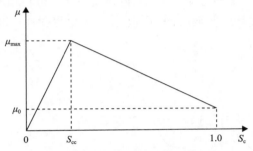

图 6.4　轮胎摩擦系数与滑移率的关系

6.2.3　侧向荷载

侧向荷载 F_y 是竖向荷载 $F_c(t)$、侧偏阻力系数 U 和侧偏角 α 的函数[10]，见式 (6.5)。

$$F_{y} = \begin{cases} -\mathrm{sign}(\alpha)U \, | \, F_{c}(t) \, | \left(\phi - \dfrac{4}{27}\phi^{3} \right), & \phi \leqslant 1.5^{\circ} \\ -\mathrm{sign}(\alpha)U \, | \, F_{c}(t) \, |, & \phi > 1.5^{\circ} \end{cases} \qquad (6.5)$$

式中，$\phi = \left| \dfrac{N}{UF_{c}(t)} \alpha \right|$，$N$ 为转弯强度。

研究表明，侧向荷载一般很小，可以不做考虑，纵向荷载（包括起转荷载和回弹荷载）一般小于竖向荷载的 20%，相比之下竖向荷载占主导地位[6]。考虑到竖向荷载是动态荷载，变化的加速度会使道面系统产生惯性力，从而导致道面产生显著的动力响应。因此，在冲击作用下飞机-跑道动力响应分析中，本书暂不考虑侧向荷载和纵向荷载，只考虑竖向荷载。

6.3　基于 ADAMS/Aircraft 的飞机-跑道动力学响应数值分析

6.3.1　着陆过程仿真分析

采用虚拟样机技术，以 A320、A330 和 A380 为例进行飞机着陆过程的仿真分析，在 ADAMS/Aircraft 中，通过 Landing Analyses 实现对降落姿态和仿真过程的控制。选择着陆时的俯仰角为 2°～7°；着陆下沉速度分别为 0.3m/s、0.5m/s、0.7m/s、0.9m/s、1m/s、1.5m/s 和 2m/s。A320、A330 和 A380 的进近速度参照空客技术手册确定，分别为 252km/h、280km/h 和 283km/h；降落质量取最大着陆质量，分别为 66t、182t 和 395t。

以 A320 为例，将其以 2m/s 的下沉速度、7°的俯仰角降落时的主起落架机轮竖向荷载绘于图 6.5。由图可知，在飞机降落过程中，机轮触地后竖向荷载经过约 0.1s 达到峰值，随后产生明显的振荡现象并逐步稳定在某一值附近。

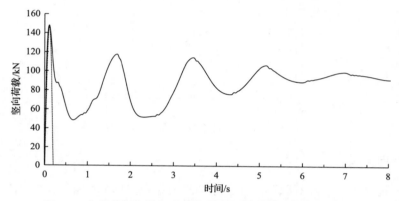

图 6.5　主起落架机轮竖向荷载响应时程变化曲线（2m/s，7°）

飞机着陆过程的冲击作用主要关注其触地到荷载增大至峰值的过程，将着陆过程中竖向荷载的时程变化曲线简化为半正弦波（图 6.5 中虚线）。半正弦波的波长主要与飞机接地速度有关，上述三种机型的接地速度差异较小，降落冲击时间基本一致，因此半正弦波波长可统一取为 0.2s。

三种机型降落过程中轮胎竖向荷载的峰值与最大起飞质量的比值见表 6.1，表中 B、W 分别代表 A380 机腹和机翼主起落架。分析表 6.1 得出以下主要结论。

（1）随着下沉速度的增大，轮胎竖向荷载呈增大趋势；随着俯仰角的增大，轮胎竖向荷载呈减小趋势。然而，俯仰角对竖向荷载的影响显著大于下沉速度，特别是在合理的降落参数范围内。

（2）俯仰角带来的影响与机型的气动力布局密切相关,俯仰角在 5°～7°范围内变化时，A320 受到的影响最小，A330 次之，A380 最大。

（3）A380 机腹主起落架机轮的竖向荷载均大于机翼主起落架，且在合理的降落参数范围内两者的比值介于 1.09～1.48；随着下沉速度的增大两者的比值逐渐增大，但在俯仰角等于 7°时，在合理的下沉速度范围内两者比值保持在 1.1 左右。这是由于 A380 降落过程中机腹主起落架先着地而机翼主起落架后着地，而且在这一过程中俯仰角逐步变为 0，升力相应减小。

（4）在合理降落俯仰角范围内且不考虑粗暴着陆的情况下，降落冲击荷载的峰值均小于最大静态机轮荷载，与国内外实测结果基本一致。

(5)粗暴着陆情况下，三种机型的冲击荷载系数分别为 1.07、1.77 和 1.60，可见粗暴着陆可能导致道面结构破坏。

表 6.1　三种机型降落过程中轮胎竖向荷载的峰值与最大起飞质量的比值

机型	下沉速度/(m/s)	俯仰角/(°)										
		2		3		4		5		6		7
A320	0.3	0.69		0.63		0.65		0.68		0.68		0.68
	0.5	0.69		0.63		0.64		0.68		0.71		0.68
	0.7	0.70		0.63		0.64		0.67		0.70		0.68
	0.9	0.71		0.63		0.65		0.67		0.69		0.70
	1.0	0.71		0.63		0.65		0.68		0.70		0.73
	1.5	0.81		0.78		0.74		0.71		0.70		0.72
	2.0	1.07		1.04		1.00		0.96		0.94		0.91
A330	0.3	1.34		1.19		0.98		0.75		0.66		0.66
	0.5	1.39		1.21		1.01		0.75		0.66		0.66
	0.7	1.42		1.21		1.02		0.79		0.66		0.65
	0.9	1.43		1.25		1.07		0.80		0.67		0.66
	1.0	1.45		1.27		1.07		0.82		0.67		0.66
	1.5	1.59		1.40		1.18		0.95		0.69		0.66
	2.0	1.77		1.57		1.30		1.11		0.84		0.71
		B	W	B	W	B	W	B	W	B	W	B	W
A380	0.3	1.16	1.06	1.12	0.95	0.99	0.85	0.82	0.74	0.74	0.65	0.63	0.57
	0.5	1.16	1.07	1.06	0.97	0.98	0.84	0.89	0.69	0.71	0.60	0.61	0.54
	0.7	1.27	1.09	1.20	0.97	1.06	0.83	0.93	0.69	0.74	0.57	0.65	0.48
	0.9	1.26	1.12	1.21	1.00	1.11	0.85	1.00	0.69	0.86	0.56	0.69	0.45
	1.0	1.28	1.15	1.22	1.02	1.17	0.87	1.05	0.70	0.91	0.56	0.74	0.45
	1.5	1.51	1.24	1.44	1.10	1.35	0.94	1.24	0.76	1.09	0.59	0.92	0.49
	2.0	1.60	1.41	1.59	1.26	1.57	1.07	1.51	0.87	1.37	0.68	1.31	0.50

6.3.2　刚性道面的动力学响应分析

参照 6.3.1 节的分析结果，将降落冲击荷载简化为半正弦波的形式，取最大降落质量，基于 4.1 节建立的虚拟样机动力学仿真方法进行计算，俯仰角取为 2°、5°和 7°，下沉速度取为 0.3m/s、0.9m/s、1.5m/s 和 2.0m/s。道面结构形式与上海浦东国际机场四跑道一致，水泥道面面层厚度为 42cm，基层厚度为 40cm，板块平面尺寸为5m×5m；道面结构参数通过弯沉测试数据反演获得，面层模量为42GPa，基层模量为6GPa，土基顶面反应模量为124MN/m³；层间假定为完全连续，阻尼比取为0.05，荷载作用位置取为横缝板边中点。选用A320主起落架、A330主起落架和A380机腹主起落架，分析结果如图6.6所示。

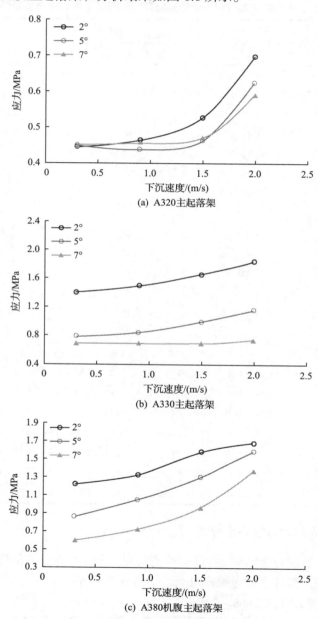

(a) A320主起落架

(b) A330主起落架

(c) A380机腹主起落架

图6.6　不同飞机降落状态下的道面响应

由图 6.6 可知，随着下沉速度的增大，板底弯拉应力峰值逐渐增大，但当俯仰角增大时，下沉速度的影响逐渐减小；在非硬着陆（下沉速度小于 1.32m/s）条件下，当俯仰角达到 5°时，A320 和 A330 机型，可以忽略下沉速度带来的影响，俯仰角对板底弯拉应力峰值的影响与机型的气动力布局密切相关。

6.4　基于时变法的飞机-跑道动力学响应解析

时变法具有运动方程系数矩阵非对称、无须迭代计算、计算时间步长较小的特点，且计算效率和精度均较高，因此采用 3.4.1 节所述时变法分析着陆冲击作用下飞机-跑道动力学响应。

6.4.1　时变法计算模型

1. 计算模型

以 B777-300ER 机型和半刚性基层沥青道面为研究对象，根据 6.2 节理论分析和 6.3.1 节仿真结果将飞机着陆冲击荷载简化为正弦式荷载，采用 3.4.1 节所述时变法分析着陆冲击作用下飞机-跑道动力学响应。飞机着陆时水平速度取值为50m/s，竖向速度取值为 1m/s。道面采用典型结构组合，各个结构层的动态模量及其他参数参考规范与文献[11]~[14]获得，见表 6.2。

表 6.2　道面结构组合与材料参数

结构层	厚度/cm	动态模量/MPa(50Hz)①	泊松比	密度/(kg/m³)	阻尼参数	
					α	β
沥青混凝土面层	18	12000	0.30	2200	2.79	0.0081
水泥稳定碎石基层	20	13333	0.20	2100	1.86	0.0054
水泥稳定碎石底基层	30	10000	0.20	2100	1.86	0.0054
粒料垫层	20	1333	0.35	1900	0.82	0.0122
土基	900	250	0.40	1800	0.41	0.0061

① 50Hz 表示回弹模量取 50Hz 对应的值。

2. 竖向冲击荷载正弦式简化

根据 6.2 节理论分析和 6.3.1 节仿真结果，将飞机着陆冲击荷载简化为一条作用时间为 0.4s 的半正弦曲线。设其峰值为 F_{max}，则冲击荷载可表示为

$$F(t) = F_{max} \sin(7.85t) \tag{6.6}$$

式中，$F(t)$ 为竖向冲击荷载；F_{max} 为竖向冲击荷载峰值；t 为作用时间。

在机轮接触道面至达到最大压缩量(竖向速度减小为 0)过程中，对飞机动量变化进行研究以确定 F_{max}。考虑到这一过程持续 0.2s，飞机动量由初始值减小到 0，以主起落架的一个机轮作为对象，应用动量定理，有

$$mv = \int_0^{0.2} F(t)\mathrm{d}t - (G-T) \times 0.2 \tag{6.7}$$

式中，m 为主起落架单轮质量，$m=19496\mathrm{kg}$；v 为轮胎接地竖向速度，$v=1\mathrm{m/s}$；G 为主起落架单轮重量，$G=194.96\mathrm{kN}$；T 为分摊到每个机轮的升力，$T=194.96\mathrm{kN}$。

其中，m、G 由 B777-300ER 降落荷载求出；T、v 通过查阅相关资料[15-20]，取飞机正常降落时的平均水平：飞机降落过程中飞行员通过操作使得飞机升力稍小于重力，以便飞机轻盈着陆，因此研究中近似认为升力等于重力，为 194.96kN。求解式(6.6)和式(6.7)可以得到竖向冲击荷载峰值 $F_{max} \approx 0.8G = 156\mathrm{kN}$。

机轮胎压取 1.524MPa，则荷载达到峰值对应的单轮荷载作用面积为 0.3447m×0.297m。简化起见，认为荷载作用区域宽度恒定为 0.297m，通过作用区域长度的变化来体现冲击荷载的半正弦变化，如式(6.8)所示。

$$L = L_{\mathrm{f}} \sin[7.85(t+0.1)] \tag{6.8}$$

式中，L 为竖向冲击荷载的作用区域长度；L_{f} 为竖向冲击荷载峰值对应的作用区域长度；t 为作用时间。

6.4.2　飞机和跑道的动力学响应分析

1. 主起落架功量图

在着陆过程中，B777-300ER 机型的起落架行程和缓冲支柱力组成主起落架功量图，如图 6.7 所示。主起落架功量图饱满，说明效率高，缓冲性能好。缓冲器

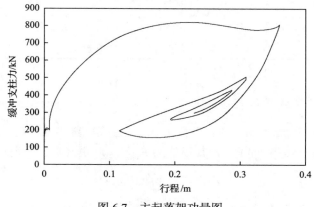

图 6.7　主起落架功量图

行程达到峰值后上下波动并逐渐收敛，峰值为 0.35m，小于许用行程。因此，在这种冲击作用下飞机属于正常着陆。

2. 沥青面层表面弯沉

道面的动力学响应分析中，选取 0.4s 半正弦荷载周期中荷载最大的 0.1～0.25s 段进行；在纵向上，分析点取为冲击荷载达到峰值时作用位置的正下方。图 6.8 所示为飞机分别通过轮迹下方和单起落架中心时，分析点面层表面的竖向位移和时间的关系。由图可知，随着轮载接近分析点，分析点道面表面竖向位移逐步增加，前轮、中间轮和后轮分别通过轮迹下方出现了 3 个拐点，中间轮通过时达到峰值。单起落架中心只出现了一个峰值。轮迹下方与起落架中心处弯沉峰值基本相同，约为 0.7mm，小于滑跑荷载作用下的 1.53mm。

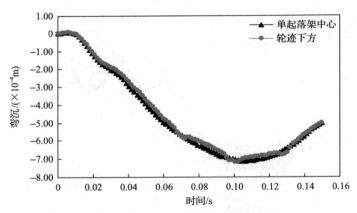

图 6.8　面层表面弯沉随时间的变化曲线

3. 底基层底面水平应力

分析点底基层底面的横向和纵向水平应力与时间的关系如图 6.9 和图 6.10 所示。由图可知，横向水平应力呈受拉状态，而纵向水平应力先呈现出较大的受压状态，然后逐步变为拉应力。随着起落架通过，分析点水平应力均出现明显的三个峰值（横向拉应力变化不十分规则）。冲击荷载作用下横向和纵向水平拉应力峰值分别为 0.42MPa 和 0.36MPa，均小于滑跑荷载作用下的峰值 0.58MPa 和 0.46MPa。

4. 土基顶面竖向压应力

分析点土基顶面的竖向压应力与时间的关系如图 6.11 所示。随着荷载的接近，土基顶面始终为受压状态，在三组轮子通过时出现了不太规则的 3 或 4 个压应力峰值。之后随着机轮驶离分析点，土基顶面的压应力逐渐减小。压应力最大值为

0.045MPa，小于滑跑荷载作用下的 0.087MPa。

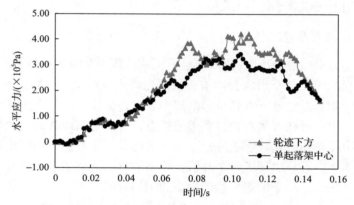

图 6.9　底基层底面横向水平应力随时间的变化曲线

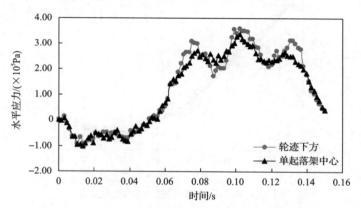

图 6.10　底基层底面纵向水平应力随时间的变化曲线

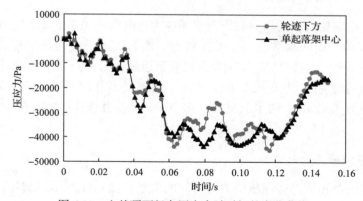

图 6.11　土基顶面竖向压应力随时间的变化曲线

在 B777-300ER 飞机着陆冲击荷载作用下，道面各力学响应量的峰值见表 6.3（为了便于对比，同时列出了飞机匀速滑跑荷载作用下相关响应量峰值），可以发现道面各响应量均小于飞行匀速滑跑荷载作用下的响应量。

表 6.3　B777-300ER 着陆冲击荷载下道面响应量峰值

动载类型	道面表面弯沉/mm	土基顶面竖向压应力/MPa	底基层底面水平拉应力/MPa	
			横向	纵向
匀速滑跑荷载	1.53	0.087	0.581	0.462
着陆冲击荷载	0.70	0.045	0.420	0.360

综上所述，飞机正常着陆时冲击荷载系数较小，通常该系数小于 1，道面各响应量均小于飞行匀速滑跑荷载作用下的响应量。在粗暴着陆下，三种机型的冲击荷载系数分别为 1.07、1.77 和 1.60，粗暴着陆可能导致道面结构破坏。

参 考 文 献

[1] 朱立国. 基于大型飞机虚拟样机的刚性道面动力行为模拟与表达[D]. 上海: 同济大学, 2017.

[2] 中国民用航空局. CCAR-25-R4 运输类飞机适航标准[S]. 北京: 中国民航出版社, 2016.

[3] 尤颖. 多轮多支柱起落架载荷分析研究[D]. 南京: 南京航空航天大学, 2019.

[4] 闫启琨. 复杂起落架载荷作用下沥青道面结构动态响应规律[D]. 上海: 同济大学, 2011.

[5] 许金余, 邓子辰. 机场刚性道面动力分析[M]. 西安: 西北工业大学出版社, 2002.

[6] 汤阿妮. 某型飞机实测起落架着陆载荷谱分析[J]. 强度与环境, 2007, 34(4): 43-48.

[7] 潘文廷, 匡爱民, 冯蕴雯. 飞机大迎角着陆时四轮小车式起落架机轮载荷分配研究[J]. 机械科学与技术, 2008, 27(5): 649-651.

[8] 刘向尧. 大型客机起落架缓冲性能设计技术研究[D]. 南京: 南京航空航天大学, 2018.

[9] 张猛. 着陆过程航空轮胎热-力学特性研究[D]. 哈尔滨: 哈尔滨工业大学, 2019.

[10] 陈俊君. 基于虚拟样机的机场道面平整度评价研究[D]. 上海: 同济大学, 2017.

[11] 王旭东, 沙爱民, 许志鸿. 沥青路面材料动力特性与动态参数[M]. 北京: 人民交通出版社, 2002.

[12] 韦金城, 崔世萍, 胡家波. 沥青混合料动态模量试验研究[J]. 建筑材料学报, 2008, 11(6): 657-661.

[13] 赵延庆, 薛成, 黄荣华. 沥青混合料抗压回弹模量与动态模量比较分析[J]. 武汉理工大学学报, 2007, 29(12): 105-107.

[14] 赵延庆, 陈静云. 应力状态对沥青混合料黏弹性质的影响[J]. 建筑材料学报, 2009, 12(4): 428-432.

[15] 李波, 沈航. 飞机着陆下沉速度最大值的确定方法[J]. 应用力学学报, 2008, 25(1): 168-171.

[16] 晋萍. 飞机着陆动力响应分析模型及仿真[J]. 安徽工业大学学报（自然科学版），2005, 22（2）：150-152.

[17] 洪学玲. 基于 ADAMS 的小车式起落架着陆及全机滑跑动态仿真[D]. 南京：南京航空航天大学, 2008.

[18] 苏长征. 冲击荷载作用下机场道面的设计、计算理论[D]. 西安：西北工业大学, 2003.

[19] 陈旺. 小车式起落架落震及全机着陆动态仿真分析[D]. 南京：南京航空航天大学, 2005.

[20] 樊海龙. 多轮多支柱飞机地面荷载研究[D]. 南京：南京航空航天大学, 2006.

第7章 机场跑道系统动力响应的实测与感知

除理论模型解析方法和计算机数值仿真方法之外，随着新一代传感技术和信息处理技术的发展，直接感知飞机-跑道结构的动力响应成为机场跑道系统动力学的研究热点。一方面，动力响应的实测有助于参数的获取、模型的标定和结果的验证；另一方面，现场感知的海量数据支撑理论模型与数值方法融合互补、迭代更新，促进跑道设计理论和评价体系的完善。足尺加速加载试验、落锤式弯沉仪的动力响应测试方法可为有限元模型验证、跑道结构动力参数反演提供技术思路。基于跑道系统动力学理论所研发的动态传感器，推动了在线感知智能跑道技术的快速发展，依托上海浦东国际机场、成都天府国际机场和北京首都国际机场等实现了智能跑道技术的应用。

7.1 基于足尺加速加载试验的动力响应感知

道面加速加载试验(accelerated pavement testing，APT)是指对道面施加受控的轮载以在较短的时间内模拟道面服役时受到的长期荷载作用[1]。开展 APT 的意义包括：①在既有跑道上开展道面长期性能试验不能全面考虑未来航空交通量的增长；②APT 可考虑超载、高温等不利条件；③APT 可以降低交通安全风险；④APT 可以显著缩短试验周期[2]。本节介绍复合道面足尺加速加载试验，实测复合道面沥青层动力响应规律，分析水泥混凝土(plain cement concrete, PCC)板与沥青层的层间黏结、道面温度以及荷载水平等因素对动力响应的影响，并将实测值与有限元模拟值进行对比验证。

7.1.1 足尺加速加载设备

足尺加速加载设备采用同济大学道路与交通工程教育部重点实验室的可移动式道面足尺加速加载系统 MLS66(Mobile Load Simulator 66)。MLS66 长×宽×高=15m×2.87m×3.5m，外观如图 7.1 所示[3]。由图 7.2 可知，MLS66 由刚性主框架、六组轮架及内部配有的双轮胎(305mm/70% R22.5in)组成。刚性主框架装有32 个线性激励电机(linear induction motor, LIM)，用于推动轮架高速运转。LIM 通过 MLS66 上的水泵、热交换器(冷却器)和风扇提供冷却循环水进行冷却降温。每组轮架连接有 12 对直径为 250mm 的钢轮，使得轮架可沿垂直环形导轨运行；当轮架运行到导轨底部时，测试轮即对地面施加轮载。MLS66 的最大双轮荷载为75kN，最大加载速度为 6m/s(22km/h)，最高轴载次数为 6000 次/h。

图 7.1　MLS66 外观

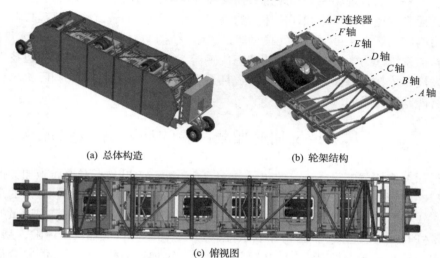

(a) 总体构造　　　　　　　　　(b) 轮架结构

(c) 俯视图

图 7.2　MLS66 构造图

　　MLS66 的加热系统由 10 个加热单元组成。其中 6 个加热单元为 1.5kW 的加热板，安装在加载轮迹，如图 7.3 所示；剩余的 4 个加热单元为 12kW 红外辐射加热单元，固定在 MLS66 内部，如图 7.4 所示。

图 7.3　加热板

图 7.4　红外辐射加热单元

7.1.2　足尺加速加载试验方案

1. 平面布局

如图 7.5 所示,复合道面足尺试验场的平面尺寸为 15m×15m,包含 4 块 5m×5m 的 PCC 板。PCC 板的横缝为无传力杆的假缝,纵缝为无拉杆的企口缝。足尺试验场的沥青层采用两种材料组合,图中左侧为 AC-20 下面层+SMA-13 上面层,简称 SMA 加铺层;右侧为 AC-20 下面层+AC-13 上面层,简称 AC 加铺层。

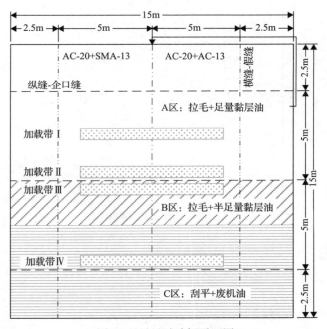

图 7.5　足尺试验场平面图

根据 PCC 板与沥青层的层间黏结强弱可将试验场分为 3 个区域。

A 区(层间黏结良好):PCC 板表面拉毛,撒布足量黏层油(即厂家推荐的乳化沥青最佳用量为 $0.6L/m^2$)。

B 区(层间黏结不良):PCC 板表面拉毛,撒布半量黏层油(乳化沥青用量为 $0.3L/m^2$)。

C 区(层间黏结差):PCC 板表面刮平,撒布 $0.2L/m^2$ 的废机油。

试验场共设置 4 个加载带:加载带 Ⅰ 与 PCC 板的中线重叠,加载带 Ⅱ～Ⅳ靠近 PCC 板的纵缝;加载带 Ⅰ 和 Ⅱ 位于 A 区,加载带 Ⅲ 和加载带 Ⅳ 分别位于 B 区和 C 区。

2. 结构组合

综合考虑我国部分民用机场复合道面的主要结构形式以及加速加载设备的轴载水平，试验场复合道面的基层、PCC 板以及沥青下面层、沥青上面层的厚度分别取 30cm、30cm、8cm 和 6cm，如图 7.6 所示，结构层材料和性能参数由室内和现场试验确定。

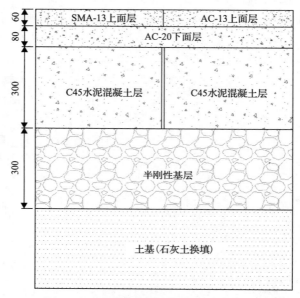

图 7.6　试验段结构厚度组合(单位：mm)

3. 沥青应变计布设

沥青应变计的埋设位置分为层底(距底面约 2cm)和层顶(距顶面约 2cm)。层底沥青应变计采用"先埋法"，即先固定应变计再摊铺沥青混凝土；层顶沥青应变计采用"后埋法"，即先摊铺沥青混凝土，再在表面切槽安装应变计，并用环氧树脂密封。沥青应变计布设的平面位置和编号(编号中第二个字母代表埋设位置：B为层底，T 为层顶；编号中最后的字母代表传感器的轴线方向：L 表示与加载方向一致，T 表示与加载方向垂直)如图 7.7 所示。层底沥青应变计共埋设 33 支，存活 15 支(灰色为失效传感器)；层顶沥青应变计共埋设 6 支，全部存活。

4. 温度应变计布设

图 7.7 中 T1～T8 为道面温度监测点的平面位置。图 7.8 是监测点内 Pt100 热电偶温度计的埋深：T1 处沿深度方向包含 4 个温度计(A～D)，其余位置为 3 个

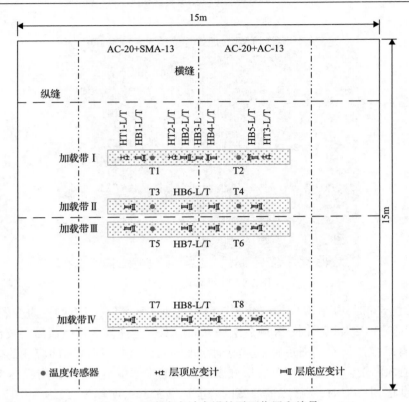

图 7.7　沥青应变计布设的平面位置和编号

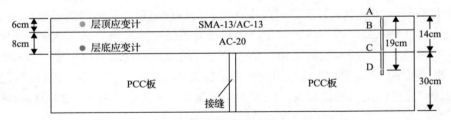

图 7.8　温度传感器布设位置

温度计（A～C）。在试验场附近架设小型移动气象站 1 台，用于记录外界环境的热辐射、日照时、温度、湿度、风速、风向等气象数据，如图 7.9 所示。

7.1.3　复合道面沥青层的加速加载试验实测动力响应

1. 不同温度下的响应

三种道面温度下复合道面沥青层应变响应时程曲线如图 7.10 所示。图 7.10（a）中沥青层底纵向应变先受压后受拉，时程曲线具有压-拉交替变化的特点。

图 7.9　小型移动气象站

当温度为 15℃时，层底纵向拉应变在卸载后迅速恢复零值，具有弹性应变的特点；当温度升至 30℃及以上时，卸载后层底纵向应变完全恢复至初始值需要较长的时间，具有黏弹性材料的滞后特点。道面温度为 15℃时，层底纵向应变的峰值为75με；道面温度上升至 30℃时，层底纵向应变的峰值增至 194με，增幅达 159%；道面温度达到 45℃时，层底纵向应变的峰值达到 338με，增幅为 351%。如图 7.10(b)所示，沥青层底横向应变峰值为拉应变，并随道面温度升高而显著增大；当道面温度大于等于 30℃后，层底横向应变在卸载后同样出现明显的滞后现象。

　　从图 7.10(c)和(d)发现，位于沥青层顶处的应变计采集的纵向应变和横向应变时程曲线变化特征与层底一致，且两个方向的最大应变均为拉应变，并没有受压。原因可能是 MLS66 荷载作用时沥青层的受压区深度较浅，小于 2cm，传感器采集的应变峰值仍然是拉应变。同样，道面温度也显著影响层顶处的结构响应。

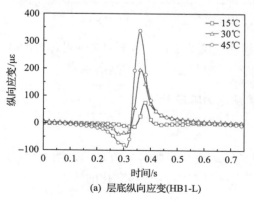

(a) 层底纵向应变(HB1-L)

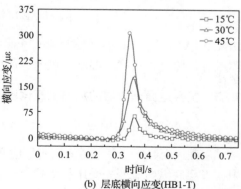

(b) 层底横向应变(HB1-T)

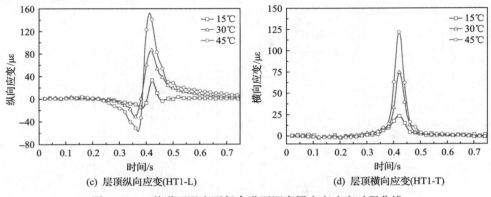

(c) 层顶纵向应变(HT1-L)　　　　(d) 层顶横向应变(HT1-T)

图 7.10　三种道面温度下复合道面沥青层应变响应时程曲线

2. 不同层间黏结强度下的响应

图 7.11 对比了 15℃时三种层间黏结强度下沥青层底的横向应变，发现层间黏结强度对层底横向应变的峰值大小有显著影响，但不影响其变化规律与趋势；层间黏结强度削弱会导致沥青层底横向应变峰值大幅提高。图 7.11 中层间黏结良好和层间黏结不良的应变峰值差异很大，两者的区别仅是黏层油用量，表明复合道面的层间黏结强度对黏层油的用量较为敏感。相关研究发现，过量使用黏层油也会降低层间黏结强度[4-6]。

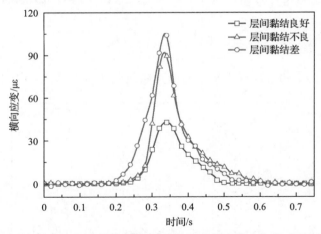

图 7.11　15℃时不同层间黏结强度的沥青层底横向应变时程曲线

图 7.12 对比了不同道面温度及层间黏结强度下沥青层底横向应变峰值。当温度一定时，层间黏结越差，沥青层底横向应变越大；当层间黏结强度一定时，道面温度越高，沥青层底横向应变越大。当道面温度从 15℃升高至 45℃时，所有工况的沥青层底横向应变都有所上升，但增幅不同。道面温度的升高减小了不同

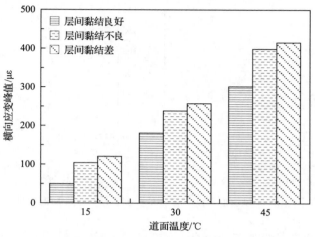

图 7.12　不同层间黏结强度及温度下沥青层底横向应变峰值对比

层间黏结强度下层底横向应变的相对差距。例如，道面温度为 15℃时，层间黏结差的沥青层底横向应变为层间黏结良好的 2.43 倍；而道面温度为 45℃时，层间黏结差的沥青层底横向应变为层间黏结良好的 1.32 倍。其原因一方面是温度升高时，道面温度在影响沥青层底横向应变方面所起的作用越来越大，这在一定程度上弱化了层间黏结强度的影响；另一方面，高温时沥青混合料变软，使层间黏结强度减小，但层间黏结良好时黏结强度下降幅度更大，导致不同工况的层间黏结强度的差异变小。

3. 不同荷载水平下的响应

图 7.13 对比了两种荷载水平下的沥青层底横向应变峰值。由图可知，MLS66

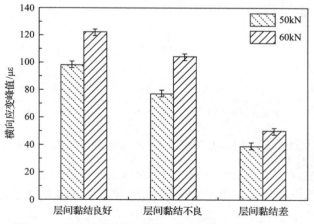

图 7.13　不同荷载水平下的沥青层底横向应变峰值对比

轴载由 50kN 增加 20%至 60kN 时，沥青层底横向应变峰值在层间黏结良好、不良和差三种条件下的增幅分别为 27%、35%和 23%，应变增幅与层间黏结状态间没有明显的相关性；层间黏结变差不会放大荷载水平对沥青层底横向应变的影响。

7.1.4　有限元模拟动力响应的验证

将三维有限元模拟所得复合道面动力响应与足尺试验实测值进行验证分析。有限元模型的结构组合、层厚、结构层材料及性能参数与足尺试验场一致；土基与基层、基层与 PCC 板的层间为绑定接触，PCC 板与沥青层为库仑摩擦接触（层间摩擦系数为 7.5）；采用 MLS66 的荷载参数，见表 7.1；温度场数据基于 2017年 3 月、5 月和 7 月的数据通过复合道面温度场有限元模型获取。

表 7.1　MLS66 荷载参数

设备	胎压/MPa	轮印长/mm	轮印宽/mm	轮距/mm	速度/(m/s)
MLS66	1.2	110	228	351	6

图 7.14 对比了三种温度下复合道面沥青层应变响应的实测值与模拟值。当道面温度为15℃时，沥青层底纵向应变和横向应变模拟值的变化规律与实测值一

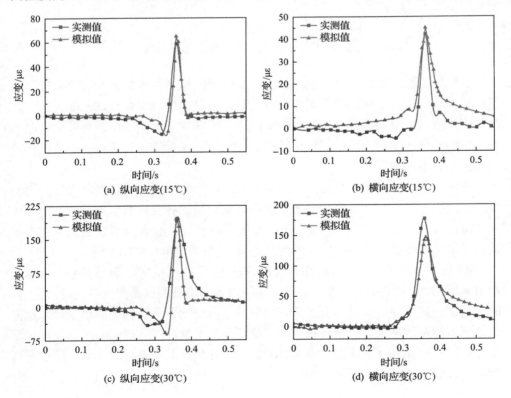

(a) 纵向应变(15℃)　　　　(b) 横向应变(15℃)
(c) 纵向应变(30℃)　　　　(d) 横向应变(30℃)

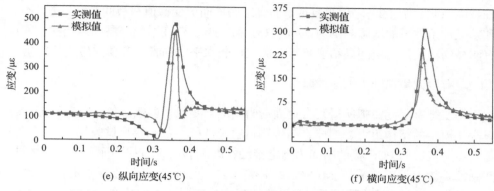

图 7.14　三种温度下复合道面沥青层应变响应的实测值与模拟值对比

致,并且模拟值的最大值与实测值误差小于 10%;当道面温度分别为 30℃和 45℃
时,沥青层底纵向应变模拟值与实测值的误差仍然很小,但横向应变模拟值与实
测值的误差略有增大。综上所述,三种不同道面温度条件下复合道面三维有限元
模型结构响应的模拟值与实测值间的误差较小,说明所开展的足尺试验及建立的
三维有限元模型合理,计算结果可靠,可用于分析温度与荷载共同作用下的复合
道面结构响应。

7.2　基于 FWD 的动力响应测试方法

在机场道面结构检测中,应用最为广泛的弯沉检测设备是脉冲类弯沉检测设
备,该类设备不仅能够提供多点弯沉(弯沉盆)信息,而且现场测试速度快,荷载
级位调整方便,加载形式与轮载-道面相互作用形式吻合较好[7]。此类无损检测具
有原位测试、速度快、不破坏道面结构、检测后不需要修补等优点,用于机场道
面检测具有很大优势[8]。

考虑到测试速度和荷载的大小及特征,目前道面无损检测运用较多的是 FWD
弯沉检测法[9,10]。FWD 能够准确测定多点弯沉,量测各级荷载作用下的道面表面
动弯沉曲线,从而较准确地反映出弯沉盆的实际形状。此外,FWD 测试可在夜间
进行,满足机场道面不停航要求的测试评价。测试车辆如图 7.15 所示。

FWD 的工作原理:通过液压系统提升重锤至设定高度后,释放重锤,重锤做
自由落体运动,冲击放置于被测道面上的承载板,使被测道面产生一定的形变量,
同时数据采集控制器采集与道面紧密接触的弯沉传感器测量的地面形变量以及荷
载传感器测量的冲击力;系统还可以采集测点的空气温度、道面温度以及环境温
度(图 7.16)。采用 FWD 测试路表在冲击荷载作用下的动态瞬时变形,即动态弯
沉,用以表征道面承载能力。

图 7.15　Carl Bro FWD 设备

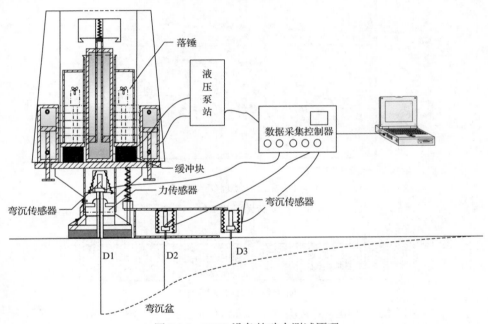

图 7.16　FWD 设备的动力测试原理

以 2020 年上海虹桥国际机场东跑道测试为例，采用 Carl Bro 车载落锤式弯沉仪测试道面弯沉以进行脱空判断。FWD 承载板半径 15cm，冲击荷载脉冲时长 0.03s，设 9 个传感器（D1～D9），弯沉传感器布设如图 7.17（a）所示。荷载级位设置为 200kN。

测试位置选取板中、纵缝板边中点和板角、横缝板边中点和板角[11]，如图 7.17（b）所示；为测试接缝传荷能力，在边、角位置需做跨缝测试；同时，为比较接缝两侧加载时弯沉差异，在板边和板角的接缝两侧分别加载测试，如图 7.17（c）所示。

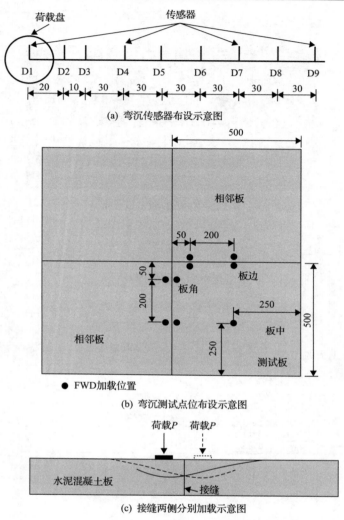

(a) 弯沉传感器布设示意图

(b) 弯沉测试点位布设示意图

(c) 接缝两侧分别加载示意图

图 7.17　弯沉传感器及 FWD 测试点位布设示意图(单位：cm)

7.3　智能跑道现场动力感知系统

7.3.1　上海浦东国际机场四跑道性状感知系统

依托国家 863 计划，同济大学以上海浦东国际机场四跑道为应用场景，搭建了国内首个现场级机场跑道性状感知系统，充分满足浦东超大规模机场飞行区设施的管理需求和安全保障需求，为全国机场飞行区设施的安全保障提供成套技术体系和应用示范。

道面跑道性状感知系统由传感器、数据传输通道、数据采集系统和数据库四部分组成。其中，传感器、数据传输通道和数据采集系统均位于飞行区内，构成系统前台；而数据库则作为系统后台安置于飞行区外。最终感知系统数据传输网络可以划分为三部分：①由管道、线缆组成的物理通道；②由信息采集设备，主要是指传感器解调仪、解调模块组成的局域网；③由机场内部网络和虚拟专用网络(virtual private network, VPN)组成的外部访问通道。如图 7.18 所示。

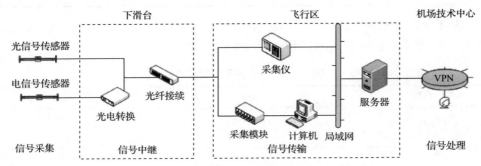

图 7.18　上海浦东国际机场感知系统组网方案

传感器器件包括温度、湿度、应变、位移、沉降和距离等感知元器件，如图 7.19 所示，相应的数量见表 7.2。

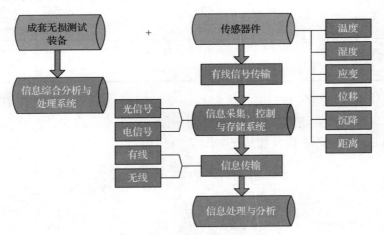

图 7.19　传感器组网示意图

表 7.2　检测项目及传感器数量

检测项目	传感器数量
分层沉降检测	4 套磁环
土压力检测	30 个土压力盒
动态位移检测	6 套位移计

续表

检测项目	传感器数量
温度检测	36 支温度计
水泥板应变检测	90 支应变计
复杂应变检测	6 支三向应变计
轮迹横向检测	3 套激光测试仪

　　基于上海浦东国际机场性状感知系统的动力响应,通过有限元模型进行验证,见表 7.3,水泥板弹性模量来自 FWD 结构反算[12,13]。

表 7.3　有限元模型的材料参数

道面结构	参数	数值
传力杆	弹性模量/MPa	200000
	泊松比	0.3
混凝土板块	板块数量	9
	尺寸/(m×m×m)	5.0×5.0×0.4
	密度/(kg/m³)	2400
	弹性模量/MPa	46000
	泊松比	0.15
	厚度/cm	40
基层	相对刚度半径/m	1.15
	基层顶面反应模量/(MN/m³)	145

　　现场使用采集频率为 250Hz 的 SM130 开展试验,FWD 承载板作用圆中心正对传感器埋设点位,该点位下为两支平行于假缝的水平向应变计,分别距离板顶和板底 4cm,应变计布设及加载车如图 7.20 所示。

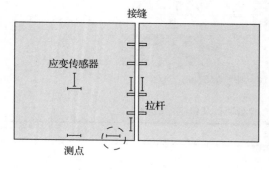

(a) 动态荷载试验点位

(b) FWD 加载车

图 7.20　动态荷载试验点位和 FWD 加载车

根据表 7.3 所示的有限元模型进行模拟计算，实测结果与预测结果的对比如图 7.21 所示。

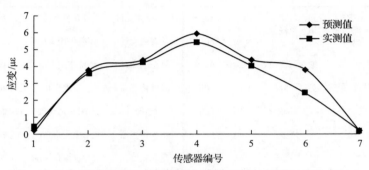

图 7.21　实测应变与有限元结果对比

测量结果表明，感知系统对于荷载的动力响应捕捉效果良好；板顶和板底应变计在荷载作用下反映出较好的同步变形，表明传感器与荷载的同步性较高；将有限元软件模拟预测得出的变形结果与实测值相比较，平均误差在 10%左右。由此可见，动载作用下传感器与道面的协同变形效果良好，并且有限元计算精度能够满足要求。

7.3.2　成都天府国际机场智能跑道系统

依托成都天府国际机场西一跑道建成了国际上首条智能跑道系统。通过整个智能感知系统全时、全天候不间断地监测跑道运行状况，实现了跑道全局沉降、结构安全、环境荷载的实时感知，可及时发现道面安全隐患，为跑道安全预警提供数据支持，对我国"四型机场"的建设提供了宝贵经验和示范，有力推动了行业的科技进步[14,15]。

课题"智能跑道关键技术研究与应用"历时近五年，埋设了具备多种功能的传感设备共 14 类、600 余个(表 7.4)，从下至上分四层布设于土基一层、土基二层、土基三层及道面区，实现了对跑道运行的全寿命周期实时监测。成都天府国际机场智能跑道系统弥补了既有工程案例在传感器数量、种类以及系统集成方面的不足，在国内外机场场道工程技术中处于领先水平。相对于传统跑道，智能跑道以运行状态感知数据为核心驱动，具有连续监测、事先预警、主动反演等明显优势，通过数据管理系统进行统一分析与表达，实现对跑道安全隐患的排查与预警(图 7.22)。

1. 动态响应的感知手段

成都天府国际机场智能跑道内布设的传感器及相关信息见表 7.4,它们能实时感知道基的沉降情况、跑道所处的湿度与温度环境，以及飞机荷载作用下跑道结

表 7.4　成都天府国际机场智能跑道的传感器布设情况

传感器名称	功能	数量	频率	传感器名称	功能	数量	频率
智能沉降仪(南智)	相对沉降量	110	6d/次	压力感知元件	板底脱空情况	32	1d/次
静力水准仪(基康)		9	6d/次	动态应变计	荷载作用下应变	252	2500Hz
单点沉降计	绝对沉降量	24	6d/次	静态应变计	环境作用下应变	10	5Hz
水平向分布式光纤	应变分布状况	18	6d/次	温度传感器	温度变化	46	5Hz
全局分布式光纤	全局沉降形态	10	6d/次	加速度计	瞬时加速度	24	2500Hz
湿度计	土体湿度	43	30d/次	水膜传感器	水膜覆盖情况	16	2.5Hz
基质吸力计	土体基质吸力	43	30d/次	激光轮迹仪	轮迹偏移情况	3	1000Hz

图 7.22　成都天府国际机场智能跑道系统界面

构的动态响应。激光轮迹仪全天候捕捉飞机荷载行为(轮迹偏移、速度、机型),布设于道面内部的动态应变计可实时感知荷载作用下板边、板角、板中的应变,加速度计监测飞机-跑道相互作用下板内部的振动情况。所有的动态响应感知都采用光纤类传感器,通过高性能组网技术实现了高频、海量数据的长距离稳定传输。

2. 动态响应感知数据预处理

2500Hz 高频感知的加速度和应变数据存在一次趋势项与环境噪声,无法直接使用。通过频谱分析和模拟工况确定应变响应信号频段,发现信号所在的频率区段为 5Hz 以下,为兼顾去噪算法的稳定性和去噪后信噪比,去噪阈值定为 10Hz。通过频谱分析结论对信号进行预处理(去一次趋势项、滤波),获得处理后的信号响应区间(图 7.23)。

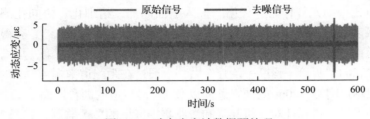

图 7.23　动态应变计数据预处理

3. 动态响应数据的流转

在智能跑道系统中动态响应数据的流转如图 7.24 所示。传感器埋设于跑道结构内部，应变、加速度等动态响应信号通过光纤组网无损传输至灯光主站，灯光主站中的工控机通过协议接口将数据接入后进行预处理，进而把有效数据存入服务器中。依据不同的功能需求，在服务器中实现动态响应数据的特征提取(峰值、平均值等)，经过模型计算后转化为结构的指标并在页面中进行渲染。智能跑道系统的高效流转实现了动态响应数据的毫秒级入库、系统页面秒级更新。

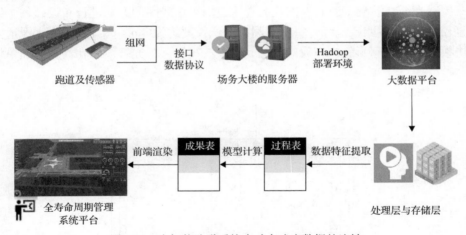

图 7.24　在智能跑道系统中动态响应数据的流转

7.3.3　北京首都国际机场跑道协同预警平台

依托北京首都国际机场西跑道大修工程，实施了运行机场跑道的智慧化升级。通过光纤设备(分布式振动光纤)和电测设备(水膜厚度传感器、激光轮迹仪、红外热像仪)两类实时感知设备，实时感知影响跑道适航安全性的各类关键指标，搭建跑道安全预警平台实时收集道面性状信息，采用大数据技术实现道面结构健康与飞机运行安全实时评估、态势分析与风险预警。

　　将分布式振动光纤作为"经络"嵌入道面内部，精细化、协同化测量飞机激励下道面振动状态。结合人工智能算法，实时对道面健康"听诊"，获得以板底脱空为主的道面健康状态，并根据历史监测数据支撑道面维护决策，从而实现针对道面健康状态的"听诊—诊断—治疗"[16,17]。通过在距跑道南端 400m 的水泥混凝土道面、距跑道南端 500m 的沥青道面以及 P6 滑行道的沥青道面等三个区域布置分布式振动光纤，达到针对飞机起降和滑跑集中区域的覆盖监测，如图 7.25 所示。

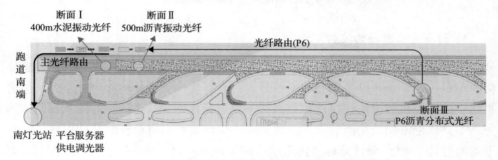

图 7.25　布设断面示意图

　　传感光纤在混凝土道面板以及沥青跑道内采用线圈的方式进行布设，每个线圈直径 25cm，共四圈光纤，每个线圈内光纤长度约为 4m。光纤线圈在水泥道面单块板内采用 Z 字形斜向布设的方法，如图 7.26 所示。光纤线圈在沥青道面单块

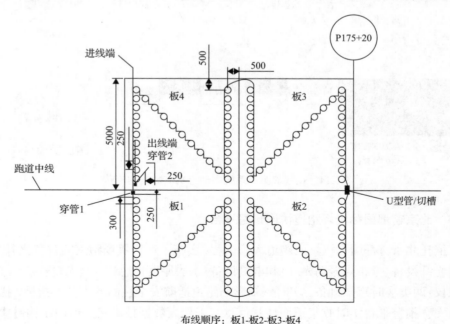

图 7.26　断面 I 分布式光纤布设平面图(单位：mm)

板内采用纵向布设的方法，如图 7.27 和图 7.28 所示。上述布设方法除了可监测道面结构状态，也可兼顾机型测量和飞机轨迹测量。

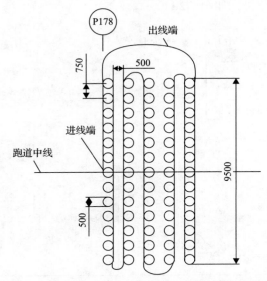

图 7.27　断面 II 分布式光纤布设平面图（单位：mm）

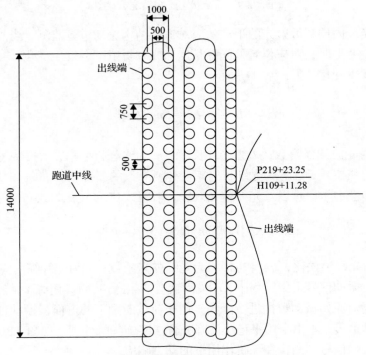

图 7.28　断面 III 分布式光纤布设平面图（单位：mm）

　　道面状态感知系统由前端道面结构振动监测系统和后端数据处理程序两部分组成。前端道面结构振动监测系统采用分布式光纤传感技术，整套系统包含传感光纤、解调仪和上位机，如图 7.29 所示。

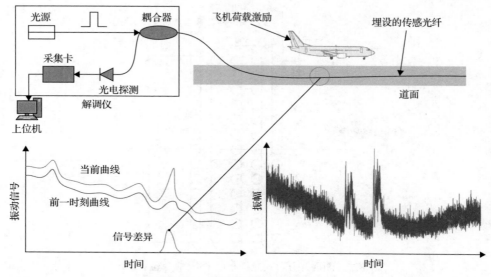

图 7.29　道面状态感知系统示意图

　　利用光纤内瑞利散射光的干涉效应对道面结构振动进行监测。当光纤受到外界扰动发生变形时，对应位置处光纤长度和光纤折射率会发生变化，导致该位置处光相位发生变化，如式(7.1)所示。

$$\Delta\delta = \beta L \frac{\Delta L}{L} + L\frac{\partial \beta}{\partial n}\Delta n = \Delta\varphi_{\varepsilon} + \Delta\varphi_{s} \tag{7.1}$$

式中，β 为光波传播常数；L 为光纤长度；n 为光纤折射率；$\Delta\varphi_{\varepsilon}$ 为光纤长度变形所导致的相位差；$\Delta\varphi_{s}$ 为光纤折射率变化所导致的相位差。

　　根据弹性力学原理以及光纤弹光效应，可将式(7.1)转化为式(7.2)：

$$\Delta\delta = \Delta\delta\left\{1 - 0.5n^2\left[(1-\nu)p_{12} - \nu p_{11}\right]\right\}\varepsilon \tag{7.2}$$

式中，ν 为光纤泊松比；p_{11} 和 p_{12} 均为光纤弹光系数；ε 为光纤纵向应变。

　　道面板振动信号采集过程中，环境因素会产生噪声，不利于振动特性的提取，因此有必要对原始振动数据进行降噪。由于荷载激励下的道面板振动信号是一种非线性振动信号，本书采用平稳小波降噪方法实施降噪处理，如图 7.30 所示，最终输出的去噪信号为结构在飞机作用下的动力响应。

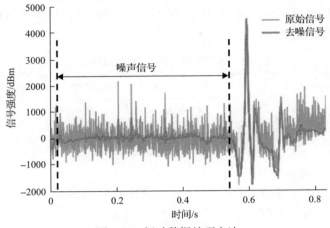

图 7.30　振动数据处理方法

7.4　飞机振动响应实测

7.4.1　飞机驾驶模拟器的振动数据

考虑到航空交通管理的特殊性,利用真实飞机和跑道进行足尺试验难度极大。从 2013 年起,波音公司开展了新一轮的跑道平整度研究计划,利用改进的 B737-800 和 A330-200 驾驶模拟器(图 7.31)在位于俄克拉何马州的 Mike Monroney 航空中心开展了关于机场跑道平整度的研究[18,19]。

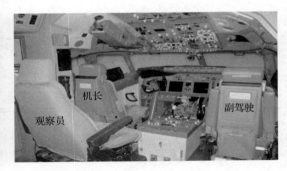

图 7.31　B737-800 驾驶模拟器

文献[20]中公开了 8 条实际跑道下飞机滑跑的驾驶舱竖向加速度均方根数据及 ProFAA 软件仿真结果。刘诗福利用虚拟样机技术在 ADAMS/Aircraft 建立的 B737-800 模型中以同样的速度(100kn①)在相同的跑道上滑跑,对得到的结果计算

---

① 1kn=1n mile/h=1852m/h。

其加权均方根,并且与驾驶模拟器及 ProFAA 软件的仿真结果进行对比,结果见表 7.5 和图 7.32[21]。

表 7.5　不同方法下的飞机仿真结果对比

跑道号	机场代码	B737-800 驾驶舱竖向加速度均方根/(m/s²)		
		ADAMS/Aircraft	驾驶模拟器	ProFAA
47	MSY	0.169	0.150	0.250
51	ORD	0.163	0.170	0.230
54	EWR	0.252	0.200	0.370
57	ACY	0.220	0.200	0.290
63	MDT	0.258	0.220	0.390
68	ACY	0.239	0.190	0.310
70	Trinidad	0.474	0.320	0.640
75	RUS	0.599	0.420	0.630
与驾驶模拟器真值的平均差异/%		23.4	—	65.3

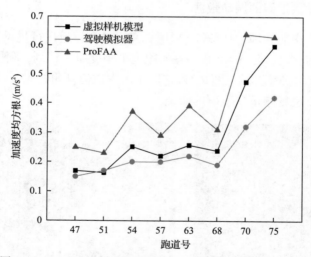

图 7.32　B737-800 驾驶舱竖向加速度均方根(不同仿真方法)

从表 7.5 和图 7.32 可以看出,利用 ADAMS/Aircraft 得到的仿真结果较 ProFAA 更接近驾驶模拟器的仿真数据,总体趋势上与驾驶模拟器的数据更为贴合,但在 70 号和 75 号跑道飞机振动响应明显增强。从与驾驶模拟器的差异来看,ProFAA 软件 8 条跑道的仿真结果平均差异达到了 65.3%,而通过 ADAMS/Aircraft 建立的虚拟样机模型平均差异为 23.4%,远小于 ProFAA。因此,本书采用 ADAMS/Aircraft 建立的 B737-800 虚拟样机模型与实机较为接近,准确性较高。

7.4.2　实机滑跑振动数据采集

通过三轴加速度计实测了 B737 客舱座位扶手上的振动加速度，发现起飞滑跑阶段该处的横向、纵向振动显著。将三轴加速度计固定于座位扶手上（图 7.33），采集飞机在起飞阶段滑跑时的加速度信号，采样频率为 1000Hz，历时近 40s。

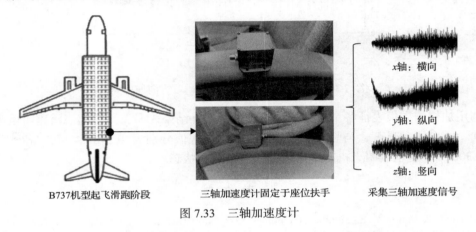

B737机型起飞滑跑阶段　　　三轴加速度计固定于座位扶手　　　采集三轴加速度信号

图 7.33　三轴加速度计

实测三个方向的加速度如图 7.34 所示，三个方向的加速度峰值均超过 0.4g。

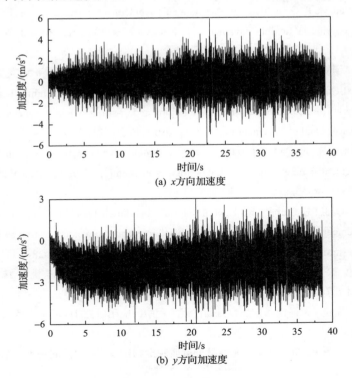

(a) x方向加速度

(b) y方向加速度

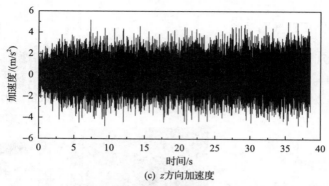

(c) z 方向加速度

图 7.34　B737 客舱座位扶手 x、y、z 方向加速度

利用加权均方根表征各个方向的颠簸程度。统计结果表明，飞机起飞滑跑阶段横向、纵向振动显著，与竖向响应相当，其均方根值分别为 0.24m/s²、0.17m/s² 和 0.30m/s²，这也表明飞机滑跑呈现空间多维振动状态。

参 考 文 献

[1] Hugo F, Martin A E. Significant Findings from Full-scale Accelerated Pavement Testing[M]. Washington DC: The National Academies Press, 2004.

[2] Han B, Polaczyk P, Gong H, et al. Accelerated pavement testing to evaluate the reinforcement effect of geogrids in flexible pavements[J]. Transportation Research Record, 2020, 2674(10): 134-145.

[3] 韦福禄. 机场复合道面沥青层动力响应与性能演变规律[D]. 上海: 同济大学, 2020.

[4] Ozer H, Al-Qadi I L, Wang H, et al. Characterisation of interface bonding between hot-mix asphalt overlay and concrete pavements: Modelling and in-situ response to accelerated loading[J]. International Journal of Pavement Engineering, 2012, 13(2): 181-196.

[5] Leng Z, Ozer H, Al-Qadi I L, et al. Interface bonding between hot-mix asphalt and various Portland cement concrete surfaces: Laboratory assessment[J]. Transportation Research Record, 2008, 2057(1): 46-53.

[6] Leng Z, Al-Qadi I L, Carpenter S H, et al. Interface bonding between hot-mix asphalt and various Portland cement concrete surfaces: Assessment of accelerated pavement testing and measurement of interface strain[J]. Transportation Research Record, 2009, 2127(1): 20-28.

[7] 李萌, 谭悦, 袁捷. 我国机场道面快速无损检测技术的发展[C]//上海空港第 16 辑. 上海: 上海科学技术出版社, 2013.

[8] 王甫来, 刘海伦. 无损检测方法在机场注浆工程中的应用研究[J]. 城市道桥与防洪, 2015, (4): 184-186.

[9] 黄勇, 袁捷, 谭悦, 等. 机场水泥混凝土道面脱空判定及影响[J]. 同济大学学报(自然科学

版), 2012, 40(6): 861-866.

[10] 刘海伦, 凌建明. 基于弯沉的刚性道面板底脱空判定方法综述[J]. 中国民航大学学报, 2021, 39(5): 28-33.

[11] 中国民用航空局. MH/T 5024—2019　民用机场道面评价管理技术规范[S]. 北京: 中国民航出版社, 2019.

[12] 刘诗福, 凌建明, 杨文臣, 等. 刚性路面弯沉盆平均距离反演方法及综合分析[J]. 中国公路学报, 2018, 31(8): 74-81.

[13] 凌建明, 刘诗福, 袁捷. 刚性道面弯沉盆重心距离法及回归模型[J]. 同济大学学报(自然科学版), 2018, 46(12): 1683-1689.

[14] 凌建明. 智能跑道关键技术研究与应用[R]. 上海: 同济大学, 2021.

[15] 凌建明, 方意心, 张家科, 等. 机场智能跑道体系架构与关键技术. 土木工程学报, 2022, 55(2): 120-128.

[16] Zhao H, Wu D, Zeng M, et al. A vibration-based vehicle classification system using distributed optical sensing technology[J]. Transportation Research Record, 2018, 2672(43): 12-23.

[17] 曾孟源, 赵鸿铎, 吴荻非, 等. 基于振动感知的混凝土铺面板底脱空识别方法[J]. 中国公路学报, 2020, 33(3): 42-52.

[18] Federal Aviation Administration. FAA surface roughness final study data collection report Boeing 737-800[R]. Washington DC: Federal Aviation Administration, 2018.

[19] Federal Aviation Administration. FAA surface roughness final study data collection report Airbus A330-200[R]. Washington DC: Federal Aviation Administration, 2020.

[20] Federal Aviation Administration. Surface roughness study final data report Boeing 737-800[R]. Washington DC: Federal Aviation Administration, 2015.

[21] 刘诗福. 飞机滑跑随机振动动力学响应及跑道平整度评价[D]. 上海: 同济大学, 2019.

第8章　机场跑道系统动力效应分析与表达

通过理论模型解析方法、计算机数值仿真方法、现场实测与感知方法实现了荷载和环境作用下机场跑道系统动力响应和动力特性分析。那么，机场跑道系统动力学相对于传统静力学具体有多大差异？动力效应在什么情况下更为显著？要回答这些问题，需要分别研究飞机激振作用、冲击作用相对于飞机静力作用下跑道系统的响应差别，揭示动力学响应对结构质量、动态模量、阻尼系数等参数的敏感特性，掌握材料非线性、接触非均匀性、道基支撑非均匀性、多轮叠加非均匀性、温度环境等关键因素对动力响应的影响规律。针对典型场景，通过模型拟合、敏感性分析量化机场跑道系统的动力效应，并实现合理表达。

8.1　飞机荷载的动力作用与静力作用

8.1.1　激振动力作用

结合 5.2 节中跑道三维随机不平整频谱模型，推导并拟合激振作用下飞机的动载系数[1]。首先将跑道道面不平整的空间域 PSD 转化为时域 PSD，如式(8.1)所示：

$$G_d(f) = \frac{1}{v} G_d(n) = \frac{C}{v(\chi^w + n^w)} \tag{8.1}$$

考虑到 χ 数值较小，式(8.1)可简化为

$$G_d(f) = Cv^{w-1} f^{-w}$$

式中，f 为时间频率，$f=nv$，n 为空间频率，v 为滑跑速度；w 为频率指数。

跑道不平整输入的 PSD 与飞机竖向振动位移输出的 PSD 之间存在如下关系：

$$G_Z(f) = |H_{HZ}(jf)|^2 G_d(f) \tag{8.2}$$

则飞机振动加速度功率谱的计算公式为

$$\begin{aligned}
G_A(f) &= (2\pi f)^4 G_Z(\omega) = (2\pi f)^4 |H_{HZ}(jf)|^2 G_d(f) \\
&= |H_{HA}(jf)|^2 G_d(f) = |H_{HA}(jf)|^2 Cv^{w-1} f^{-w}
\end{aligned} \tag{8.3}$$

式中，$G_Z(f)$ 和 $G_A(f)$ 分别为飞机竖向振动位移和加速度的 PSD；$H_{HZ}(jf)$ 和 $H_{HA}(jf)$ 分别为道面不平整输入和飞机竖向振动位移输出及加速度输出之间的频

率响应函数。

由于道面不平整为零均值的随机过程，则道面不平整激励下的飞机竖向加速度也为零均值的随机过程，那么飞机竖向加速度的方差为

$$\sigma_a^2 = \int_0^{+\infty} G_A(f) \mathrm{d}f = \int_0^{+\infty} \left| H_{\mathrm{HA}}(\mathrm{j}f) \right|^2 C v^{w-1} f^{-w} \mathrm{d}f$$
$$= C v^{w-1} \int_0^{+\infty} \left| H_{\mathrm{HA}}(\mathrm{j}f) \right|^2 f^{-w} \mathrm{d}f = C v^{w-1} f(w) \tag{8.4}$$

$$f(w) = \int_0^{+\infty} \left| H_{\mathrm{HA}}(\mathrm{j}f) \right|^2 f^{-w} \mathrm{d}f \tag{8.5}$$

Múčka[2]在建立车辆振动加速度与路面 PSD 参数之间函数关系时，将函数 $f(w)$ 假设为

$$f(w) = a\mathrm{e}^{bw} \tag{8.6}$$

飞机动载系数如式 (8.7) 所示：

$$\mathrm{DLC} = \frac{N}{mg} = 1 + \frac{1}{g} a_z - \frac{1}{mg} \cdot \frac{1}{2} \rho v^2 C_{\mathrm{L}} S \tag{8.7}$$

从式 (8.7) 可以看出，飞机滑跑动载可分为以下三部分[3]：一是飞机自重静载；二是跑道不平整导致飞机振动而引起的动载增大；三是飞机升力引起的动载减小。当飞机以一定速度在跑道上匀速滑跑时，飞机自重和升力作用引起的动载系数为定值，动载系数的变化完全由加速度的变化产生，此时动载系数的标准差如式 (8.8) 所示。

$$\sigma_{\mathrm{DLC}} = \frac{1}{g} \sigma_a = \frac{1}{g} \sqrt{C v^{w-1} a\mathrm{e}^{bw}} \tag{8.8}$$

则飞机最大动载系数为

$$\mathrm{DLC}_{\mathrm{ul}} = \mu_{\mathrm{DLC}} + 3\sigma_{\mathrm{DLC}} = 1 + \frac{3}{g} \sqrt{C v^{w-1} a\mathrm{e}^{bw}} - \frac{1}{mg} C_{\mathrm{L}} \cdot \frac{1}{2} \rho v^2 \cdot S = f(C, w, v) \tag{8.9}$$

式中，μ_{DLC} 为动载系数均值；σ_{DLC} 为动载系数标准差。

对 ADAMS/Aircraft 仿真获得的飞机主起落架动载系数进行非线性拟合，结果见表 8.1。拟合系数和拟合模型的 p 值均很小，说明该模型能很好地拟合飞机的动载系数。

因此，不同滑跑速度、不同道面不平整激励下 B737-800 机型的最大动载系数如式 (8.10) 所示。

表 8.1　飞机主起落架动载系数拟合结果

拟合系数	估计值	标准误差	t 统计量	p 值
a	0.017181	0.0036171	4.7498	4.26×10^{-6}
b	-1.2667	0.076768	-17.071	6.09×10^{-39}
拟合模型	R^2	调整后 R^2	F 统计量	p 值
拟合结果	0.9668	0.9666	1.11×10^5	1.53×10^{-269}

$$\mathrm{DLC_{ul}} = 1 + 0.040125\sqrt{Cv^{w-1}\mathrm{e}^{-1.2667w}} - 4.6975 \times 10^{-6}v^2 \tag{8.10}$$

式中，速度 v 的单位为 km/h。值得注意的是，式(8.10)适用于 B737-800 起飞滑跑到飞机抬前轮前这一阶段的最大动载系数预估。利用式(8.10)预估不同速度、不同道面平整度下的最大动载系数如图 8.1 所示。可见，各个滑跑速度下最大动载系数预估模型与 ADAMS/Aircraft 仿真结果的拟合相关性均很高，$R^2 > 0.93$。

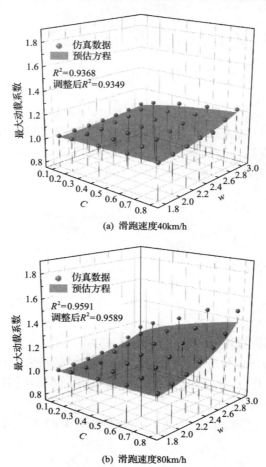

(a) 滑跑速度40km/h

(b) 滑跑速度80km/h

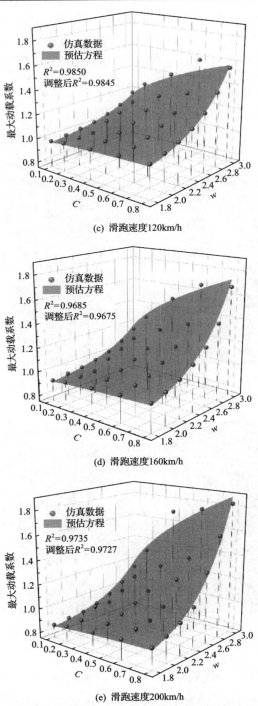

(c) 滑跑速度120km/h

(d) 滑跑速度160km/h

(e) 滑跑速度200km/h

图 8.1　不同滑跑速度下最大动载系数预估结果

令式(8.10)中 DLC_{ul} 关于 v 的偏导数为 0 可得敏感速度 v_m 与 PSD 参数 C、w 的函数关系如式(8.11)所示。不同 C、w 对应的道面不平整激励下 B737-800 滑跑时的敏感速度和相应的最大动载系数极值如图 8.2 所示。

$$v_m = \left[2135.4 C^{\frac{1}{2}} e^{-0.63335w} (w-1) \right]^{\frac{2}{5-w}} \tag{8.11}$$

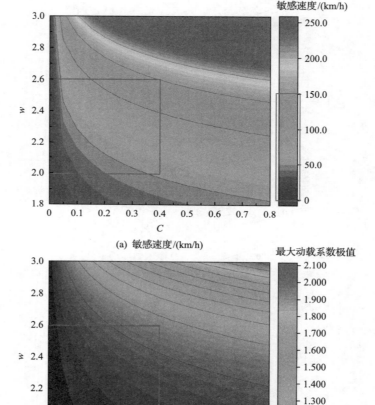

(a) 敏感速度/(km/h)

(b) 最大动载系数极值

图 8.2　敏感速度和最大动载系数极值随 C、w 的变化

从图 8.2(a)可以看出，随着不平整系数 C 和频率指数 w 的增大，敏感速度 v_m

也增大。当 w 很小时，敏感速度随 C 的增长较慢；随着 w 的增大，敏感速度随 C 的增长速率不断增大。而 w 对敏感速度的影响显著，C 较小时，敏感速度随 w 的增长已经非常明显。以平整度为 A 级 (C=0.16，w=2.0) 的跑道为例，B737-800 滑跑敏感速度为 38.4km/h，最大动载系数为 1.0211。当 w 从 2.0 增大到 2.2，敏感速度变为 51.8km/h，增大了 34.9%，而最大动载系数从 1.0211 变为 1.0300，增大了 0.9%。由此可见，w 对敏感速度的影响较其对最大动载系数的影响更显著。

对于功率谱密度参数范围在 C=0～0.8，w=1.8～3.0 内的不平整跑道，最大动载系数可达 2.0483。考虑到 B737-800 机型的离地速度约为 260km/h，而实测机场跑道 PSD 参数 C 集中分布在 0～0.4，w 集中分布在 2.0～2.6，此时敏感速度最大为 150.4km/h，因此可认为对于大部分实测机场跑道，B737-800 机型在滑跑过程中都存在敏感速度，可达到最大动载系数的极值，极值最大可达 1.1636。

采用相同的方法对 B757-200 和 B777-300 机型进行虚拟样机仿真，获得其动载系数并利用式(8.9)拟合，最终得到 B757-200 和 B777-300 机型随机飞机最大动载系数 DLC_{ul} 的预估模型见表 8.2。在不平整系数 C、频率指数 w 的主要分布范围 (C=0～0.4，w=2.0～2.6)，B757-200 的最大动载系数为 0.71～1.20，B777-300 的最大动载系数为 0.56～1.10。随着机型的增大，最大动载系数减小。

表 8.2　B757-200 和 B777-300 机型 DLC_{ul} 拟合结果

机型	公式	拟合结果	
		R^2	均方根误差(MSE)
B757-200	$\text{DLC}_{ul}=1+0.1879\sqrt{Cv^{w-1}e^{-2.3407w}}-5.0647\times10^{-6}v^2$	0.9590	0.0031
B777-300	$\text{DLC}_{ul}=1+0.0399\sqrt{Cv^{w-1}e^{-1.3626w}}-7.6301\times10^{-6}v^2$	0.9414	0.0061

8.1.2　冲击动力作用

飞机着陆冲击作用下，轮胎与道面的竖向接触力是一种频率较大的交变荷载。由前面分析可知，冲击动力学作用主要关心这种交变荷载的频率和振幅。分析 6.3.1 节主起落架机轮竖向荷载响应时程变化曲线可以发现，着陆过程中冲击荷载基本为呈正弦波形式的交变荷载，并以 p_0 为均值振荡衰减。因此，可将冲击荷载简化分割为若干段正弦曲线，其周期不同，峰值逐渐减小。分割方法如图 8.3 所示。

将上述分段正弦曲线用公式表达，如式(8.12)所示。

$$F_c=\begin{cases}F_{\max 1}\sin(\omega_1 t), & 0\leqslant t\leqslant t_1\\ p_0+(F_{\max i}-p_0)\sin(\omega_i t+\varphi_i), & t_{i-1}\leqslant t<t_i\end{cases} \tag{8.12}$$

式中，$F_{\max i}$ 为第 i 段正弦曲线峰值；ω_i 为第 i 段正弦曲线频率；φ_i 为第 i 段正弦

曲线相位角；$F_{\max i}$、ω_i、φ_i、p_0 具体数值取决于飞机机型、着陆质量、下沉速度和俯仰角。

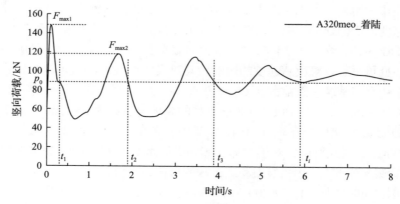

图 8.3　冲击荷载正弦分割

第一阶段，随着飞机着陆瞬间开始，竖向荷载从 0 开始迅速增大至 $F_{\max 1}$，t_1 往往处于 0.1～0.25s。随着时间的推移，竖向荷载可简化为正弦式交变荷载。$F_{\max i}$ 随着时间的推移，呈现越来越小的变化趋势，振动的频率也越来越低。冲击阶段，主要关注 $F_{\max 1}$ 和 $F_{\max i}$ 相对于 p_0 的大小。本书通过对不同机型虚拟样机的仿真结果表明，正常情况下，两者倍数分布在[1,1.8]。

8.2　动力学参数分析

8.2.1　质量参数分析

跑道结构材料的密度基本不变，而飞机系统的质量差异较大，本节主要分析飞机质量参数相对于其他参数对动力学响应的影响差异。

如图 8.4 所示，B737-800 飞机以速度 100km/h 在典型沥青跑道上滑跑其重心处竖向加速度 PSD 的变化，随着簧载质量的增加，竖向振动变小，表明同等条件下，质量越大的飞机，乘客的舒适性越好[4]。

由于飞机自由度较多，通过理论推导来量化随机结构参数对振动的响应量比较困难，且不实用。蒙特卡罗模拟法可建立输入变量和输出变量的数学模型，运用各变量概率分布的规律进行随机抽样，使用随机生成的输入变量计算输出变量，通过反复模拟，可得到某一输出变量的概率分布函数。随着模拟的次数越来越多，输出变量的概率分布函数的精准度也越来越高。本书借助 MATLAB 软件，利用蒙特卡罗法以实现飞机结构参数在概率密度函数为正态分布形式变化下各振动响应量的变化规律。

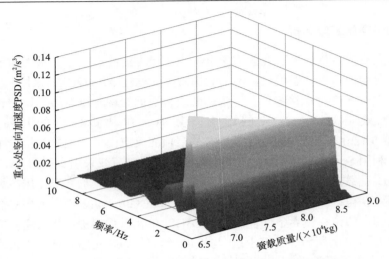

图 8.4　机身质量随机情况下重心处竖向加速度 PSD 的变化

采用蒙特卡罗法每次随机抽样 1000 次,统计得到不同结构参数下飞机振动响应量方差的变异系数分布,如图 8.5 所示。横坐标从左至右依次为飞机簧载质量 M_p、转动惯量 $(I_x,\ I_y)$、簧载刚度系数 $(K_f,\ K_r)$、簧载阻尼系数 $(C_f,\ C_r)$、非簧载刚度系数 $(k_f,\ k_r)$ 和非簧载阻尼系数 $(c_f,\ c_r)$,图 8.5 所示为上述结构参数在变异系数为 0.05 时,对应的飞机振动响应量(重心加速度、驾驶舱加速度、主起落架动载系数、前起落架动载系数)的变异系数分布情况。

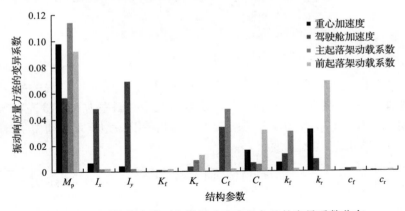

图 8.5　不同结构参数下飞机振动响应量方差的变异系数分布

整体上看,簧载质量对四个振动响应量都产生了明显的影响,且变异系数值均超过了 0.05,其中对主起落架动载系数影响最大,达到了 0.113。转动惯量主要对驾驶舱加速度方差产生影响,变异系数超过 0.05,但对其他三个振动响应量影响较小。因此,在动力学中质量是产生惯性力的核心因素。

8.2.2 动态模量参数分析

模量具有应力依赖性。在静力学分析中主要考虑静态模量，且为固定值，但在实际情况中模量是动态模量。本书利用有限元软件 ABAQUS，采用 Winkler 地基模型建立了 8 个考虑接缝传荷行为的九块板道面结构三维有限元模型，分析道面的动态模量对力学响应的影响。其中，单块板模型的几何尺寸为 5m×5m×0.42m，将道面板弹性模量、基层顶面反应模量以及单位接缝刚度输入模型中，利用 Spring2 弹簧单元模拟接缝传荷作用。荷载采用实测的 FWD 荷载，并将 FWD 荷载盘和道面的作用面由圆形简化为正方形，正方形作用区域的尺寸由面积等效获得，最终的加载区域尺寸为 26.6cm×26.6cm。模型采用对面层施加侧面法向约束的位移边界条件，并选取 C3D8I 单元进行模拟分析。建立的有限元模型示例如图 8.6 所示，计算上层(与板顶距离为 3.65cm)和下层(与板底距离为 3.65cm)应变点沿道面纵向、横向的应变曲线。

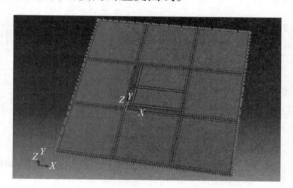

图 8.6　分析动态模量影响的有限元模型

由图 8.7 的模型计算结果可见，应变和动态模量 E 为一次函数关系，斜率为 0.3(绝对值)左右；挠度和动态模量为一次函数关系，斜率为 0.9073 左右。可见，动态模量的变化对结构动力响应影响较大，因此在机场跑道系统动力学分析中，结构动态模量的取值也很重要。

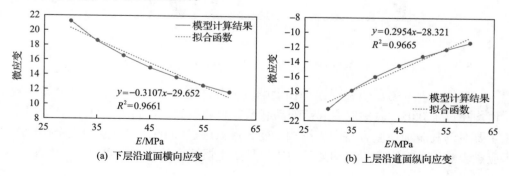

(a) 下层沿道面横向应变　　　　　　　(b) 上层沿道面纵向应变

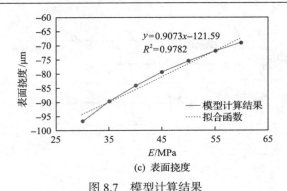

(c) 表面挠度

图 8.7　模型计算结果

8.2.3　阻尼系数参数分析

机场跑道系统的阻尼系数包括飞机系统的起落架阻尼系数与轮胎阻尼系数，以及跑道结构自身的阻尼系数。

1. 飞机系统的阻尼系数

由图 8.5 分析可知，相较于簧载刚度系数，阻尼系数对飞机振动响应量的影响更大，且前起落架阻尼系数对驾驶舱加速度和前起落架动载系数影响更大，而主起落架阻尼系数对重心处和主起落架的动载系数影响更大，其原因是飞机的重心更靠近主起落架。

轮胎的影响和起落架则刚好相反，轮胎阻尼系数的影响远小于轮胎刚度系数的影响；轮胎刚度系数对其所在起落架的动载系数影响较大，而对另一个起落架基本不影响；同时主起落架轮胎的刚度系数对机身的振动影响比前起落架更大，这表明更应该关注主起落架受到的不平整激励。

因此，飞机系统的起落架阻尼系数对动力学分析更为敏感，这是由于起落架缓冲器可以吸收振动能量，减缓机身的振动颠簸。

2. 跑道结构的阻尼系数

利用实体单元地基上的单层板模型(图 8.8)，分析地基阻尼参数变化对道面结构响应的影响，水泥混凝土板材料参数与 7.3.1 节一致，面层和土基之间假定为完全连续，施加的荷载为 A380 机腹主起落架单轮荷载，速度分别取为 5m/s 和 50m/s，仅考虑土基的阻尼特性，瑞利阻尼系数参照表 3.11 确定[5]。

为了模拟弹性半空间体地基上无限大板板中的应力响应，采用无限单元 CIN3D8 作为边界，且无限单元边界距荷载作用中心的距离均大于 1.5m。建模过程中为了减小单元数量，荷载作用区域的网格划分较为细密，远离荷载作用区域则逐渐变密，最终建立的三维有限元模型如图 8.9 所示。

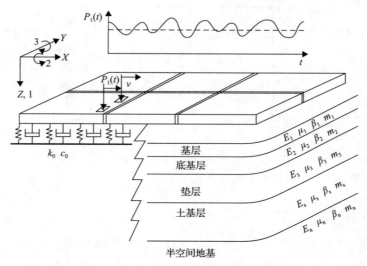

图 8.8　DYNA-SLAB 中的模型结构形式

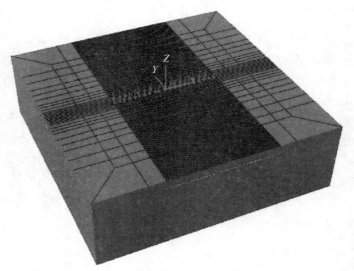

图 8.9　地基阻尼效应分析三维有限元模型

　　计算结果表明，随着飞机滑跑速度和地基阻尼的增大，板中弯拉应力响应峰值均逐渐减小；当飞机滑跑速度为 5m/s 时，地基阻尼的变化对板底弯拉应力几乎无影响（小于 1‰）；当飞机滑跑速度为 50m/s 时，阻尼比由 0 增大至 0.15，板底弯拉应力峰值减小了 3.04%。实测结果表明，土基的阻尼比为 0.02~0.05[6]，当阻尼比为 0.05 时，板底弯拉应力峰值较无阻尼条件下小 2.42%。因此，在动力学模型中考虑阻尼系数可降低板底弯拉应力，增加水泥混凝土板的疲劳寿命。

8.3　材料非线性因素的分析

8.3.1　沥青混凝土的黏弹性

沥青混合料实际上是一种典型的黏弹塑性材料，兼有弹性固体和塑性流体的特征。为揭示沥青材料的黏弹性行为，本节首先建模以模拟沥青混合料室内试件的蠕变行为。沥青混合料圆柱试件直径为 10cm，高为 10cm；对其施加两次矩形荷载，加载曲线如图 8.10 所示。有限元分析得到的沥青混合料圆柱试件顶面竖向压应变随时间的变化曲线如图 8.11 所示。从图中可以看出，在荷载作用下，沥青混合料圆柱试件出现了明显的带有滞后性的黏弹性应变；当荷载卸除后，黏弹性应变并未立刻消失，而是缓慢消减；当第二次加载开始时应变尚未减小到 0，残

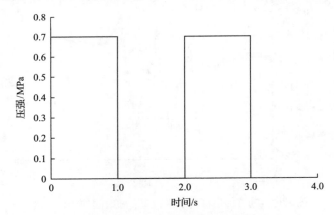

图 8.10　沥青混合料圆柱试件加载曲线

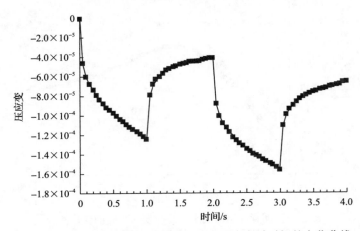

图 8.11　沥青混合料圆柱试件顶面竖向压应变随时间的变化曲线

余应变与第二次荷载产生的应变相互叠加，使得总应变明显大于第一次荷载作用产生的应变，即试件产生了明显的黏滞叠加效应。沥青混凝土道面的黏滞叠加效应将使得变形相互叠加，总变形量增大，从而影响道面的使用寿命。

本书为了研究沥青材料黏弹性对道面结构动态响应的影响，采用飞机减速制动的运行行为，获取对水平拉应变和沥青面层剪应变的影响。

1. 沥青材料黏弹性对沥青面层水平拉应变的影响

图 8.12 和图 8.13 分别为沥青面层纵向和横向水平拉应变两个指标，在考虑黏弹性和不考虑黏弹性时的时程曲线对比。由图 8.12 看出，轮载经过后对分析点产生明显反压作用，使得黏弹性拉应变迅速消减，无法形成黏滞叠加效应，所以考

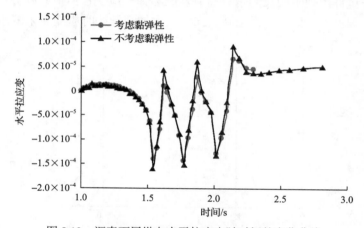

图 8.12　沥青面层纵向水平拉应变随时间的变化曲线

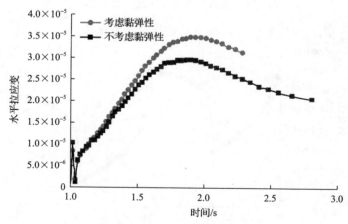

图 8.13　沥青面层横向水平拉应变随时间的变化曲线

虑黏弹性后纵向拉应变时程曲线与不考虑黏弹性时基本一致。从图 8.13 可以看出，考虑黏弹性后横向水平拉应变有了一定程度的提高，但由于轮载经过时分析点只出现了一个峰值，也没有形成黏滞叠加效应。同时横向拉应变较之纵向拉应变仍明显偏小，不会对道面设计起显著影响。

2. *沥青材料黏弹性对沥青面层剪应变的影响*

在水平力作用下，沥青面层的纵向水平剪应变发生了明显变化，峰值位置由面层底面转变到道面表面，峰值增大，且出现了明显的黏滞叠加效应。图 8.14 为沥青面层表面纵向水平剪应变时程曲线对比图，可以看到不考虑沥青黏弹性时 3 个峰值大小基本一致，而考虑沥青黏弹性时，响应量产生了明显的黏滞叠加效应。随着三个机轮通过，剪应变峰值依次增大，分别为 205με、263με、287με，增幅约为 40%。制动荷载作用下，纵向水平剪应变主要由水平荷载引起，当轮载通过分析点后，没有对分析点产生明显的反向作用，因而黏弹性剪应变可以缓慢衰减，当下一个水平荷载发生时，剪应变尚未减小到 0，随之与新的剪应变发生黏滞叠加效应。

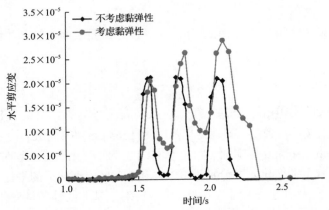

图 8.14　沥青面层表面纵向水平剪应变随时间的变化曲线

综上所述，沥青材料黏弹性的影响基本局限于沥青面层内部，分析黏弹性对面层动态响应的影响时，主要考察是否发生黏滞叠加效应。当轮载经过分析点不产生明显反向作用时，容易发生黏滞叠加。考虑沥青混合料黏弹性时，相对于静载，动载产生黏滞叠加效应的力学响应量峰值见表 8.3。沥青面层横向水平剪应变和纵向水平剪应变与轮辙、拥包、推挤等病害关系密切，静载作用下，无法发生黏滞叠加，而动载下沥青材料的黏弹性效应显著，叠加后横向水平剪应变和纵向水平剪应变的峰值提高幅度分别达到了 30.5% 和 40%，更容易产生病害，在道面设计时应予以考虑。

表 8.3　产生黏滞叠加效应的力学响应量峰值

动载类型	面层内横向水平剪应变/10⁻⁶				面层内纵向水平剪应变/10⁻⁶			
	各个机轮经过时峰值			提高幅度/%	各个机轮经过时峰值			提高幅度/%
	第1个	第2个	第3个		第1个	第2个	第3个	
静载	未发生黏滞叠加效应				未发生黏滞叠加效应			
减速制动荷载	131	160	171	30.5	205	263	287	40

8.3.2　土基及粒料的非线性

为了分析土基、粒料材料非线性对道面结构力学响应的影响，分别对土基材料的非线性、粒料材料的非线性、土基和粒料材料皆为非线性三种情况进行分析（各材料参数详见 3.3.3 节），并与材料皆为线弹性条件时的力学指标进行对比，分析材料非线性对静载、动载作用下道面结构力学响应的影响。为了便于后续表述，对不同条件非线性与线弹性之间的差异 D 定义如下：

$$D = \frac{线弹性条件 - 非弹性条件}{线弹性条件} \times 100\% \tag{8.13}$$

本书 A380 机型的不同轮组组合，分析其对道面表面弯沉和半刚性基层底部拉应力的影响。

1. 土基非线性

在静载和动载作用下，土基非线性对道面表面弯沉的影响见表 8.4。从表中可以看出，当轮组条件一致时，弹性变化范围为[126.8μm, 403.8μm]，土基非线性变化范围为[127.1μm, 386.5μm]，且弹性、土基非线性条件变化趋势一致时，道面表面弯沉在静载和动载下的变化差异分别为 0.36%和 3.33%，动载下的平均差异是静载下的 9.25 倍左右，表明道面表面弯沉的动力效应对土基非线性条件变化更加敏感。

表 8.4　土基非线性对道面表面弯沉的影响

荷载类型	轮组	表面弯沉/μm		差异 D/%	平均差异/%
		弹性	土基非线性		
静载	单轮	126.8	127.1	0.24	
	4轮	289.1	288.9	0.07	0.36
	6轮	369.2	372.0	0.76	
动载	单轮	130.4	127.4	2.30	
	4轮	310.3	299.8	3.40	3.33
	6轮	403.8	386.5	4.30	

同样，在静载和动载作用下，土基非线性对半刚性基层底部拉应力的影响见表 8.5。当轮组条件一致，弹性变化范围为[0.2865MPa, 0.3690MPa]，土基非线性变化范围为[0.2780MPa, 0.3760MPa]，且弹性、土基非线性条件变化趋势一致时，在静载和动载下的基层底部拉应力平均差异在两荷载类型下分别为 1.27%和 3.59%，动载下的平均差异是静载下的 3 倍左右，这表明基层底部拉应力的动力效应对土基非线性条件变化更加敏感。

表 8.5　土基非线性对半刚性基层底部拉应力的影响

荷载类型	轮组	基层底部拉应力/MPa		差异 D/%	平均差异/%
		弹性	土基非线性		
静载	单轮	0.2865	0.2864	0.03	1.27
	4 轮	0.3302	0.3343	1.24	
	6 轮	0.3667	0.3760	2.54	
动载	单轮	0.2880	0.2780	3.47	3.59
	4 轮	0.3620	0.3480	3.87	
	6 轮	0.3690	0.3530	3.43	

2. 粒料非线性

在静载和动载作用下，粒料非线性对道面表面弯沉的影响见表 8.6。当轮组条件一致时，弹性变化范围和土基非线性变化范围相同，粒料非线性变化范围为[123.4μm, 377.6μm]，且弹性、粒料非线性条件变化趋势一致时，在静载和动载下的道面表面弯沉平均差异分别为 1.76%和 5.40%，动载下的平均差异达静载下的 3 倍左右，表明道面表面弯沉的动力效应对粒料非线性条件变化更加敏感。

表 8.6　粒料非线性对道面表面弯沉的影响

荷载类型	轮组	表面弯沉/μm		差异 D/%	平均差异/%
		弹性	土基非线性		
静载	单轮	126.8	129.9	2.44	1.76
	4 轮	289.1	293.7	1.59	
	6 轮	369.2	373.8	1.25	
动载	单轮	130.4	123.4	5.40	5.40
	4 轮	310.3	297.0	4.30	
	6 轮	403.8	377.6	6.50	

在静载和动载作用下，粒料非线性对半刚性基层底部拉应力的影响见表 8.7。当轮组条件一致，弹性变化范围与土基非线性变化范围相同，粒料非线性变化范

围为[0.2080MPa, 0.4103MPa]，且弹性、粒料非线性条件变化趋势一致时，静载和动载下的半刚性基层底部拉应力的平均差异分别为12.97%和26.33%，动载下的平均差异达静载下的2倍左右，表明半刚性基层底部拉应力的动力效应对粒料非线性条件变化更为敏感。

表 8.7　粒料非线性对半刚性基层底部拉应力的影响

| 荷载类型 | 轮组 | 基层底部拉应力/MPa | | 差异 D/% | 平均差异/% |
		弹性	土基非线性		
静载	单轮	0.2865	0.3287	14.73	
	4轮	0.3302	0.3708	12.30	12.97
	6轮	0.3667	0.4103	11.89	
动载	单轮	0.2880	0.2080	27.80	
	4轮	0.3620	0.2730	24.60	26.33
	6轮	0.3690	0.2710	26.60	

3. 土基和粒料均为非线性

在静载和动载作用下，土基和粒料均发生非线性改变时，其对道面表面弯沉和半刚性基层底部拉应力的影响分别见表8.8和表8.9。可以发现，在轮组条件一

表 8.8　土基和粒料均非线性对道面表面弯沉的影响

| 荷载类型 | 轮组 | 表面弯沉/0.01mm | | 差异 D/% | 平均差异/% |
		弹性	土基非线性		
静载	单轮	126.8	129.9	2.44	
	4轮	289.1	294.9	2.01	2.21
	6轮	369.2	377.3	2.19	
动载	单轮	130.4	121.7	6.70	
	4轮	310.3	283.3	8.70	7.30
	6轮	403.8	377.6	6.50	

表 8.9　土基和料均非线性对半刚性基层底部拉应力的影响

| 荷载类型 | 轮组 | 底部拉应力/MPa | | 差异 D/% | 平均差异/% |
		弹性	土基非线性		
静载	单轮	0.2865	0.3289	14.80	
	4轮	0.3302	0.3777	14.39	15.08
	6轮	0.3667	0.4256	16.06	
动载	单轮	0.2880	0.2010	30.21	
	4轮	0.3620	0.2300	36.46	34.06
	6轮	0.3690	0.2380	35.50	

致，弹性条件变化范围大致相近时，无论是道面表面弯沉还是半刚性基层底部拉应力的平均差异均在动载下受土基粒料非线性的影响更大，分别为静载下的 3.30 倍和 2.26 倍，结果表明动力效应对非线性更加敏感。

8.4　非均匀因素的分析

8.4.1　层间接触的非均匀

水泥混凝土道面板与基层的接触不均匀，会引起道面荷载应力及挠度的增大。荷载应力增大到一定程度并大于面层材料弯拉强度时，道面板可能出现裂缝，从而增加断板的风险。即使不直接断裂，根据材料的疲劳特性，由于荷载应力的增加，也会降低道面的结构使用寿命。在层间接触的非均匀情况下，动力学分析和静力学分析将产生不一样的结果。

1. 动力作用下唧泥型脱空

飞机荷载行驶通过时，基层缝隙内的水由于泵引效应产生动水压力，导致基层材料被带到道面表层，形成唧泥现象。这种情况下基层材料会被带出，导致基层出现空隙，长期作用下空隙会进一步发展，形成脱空现象。唧泥现象的产生，荷载是主因，水是载体。对于唧泥现象产生过程中水的行为分析可以直观地理解唧泥现象的整个过程。

如图 8.15 所示，脱空区内水的运动可分为五个阶段：第一阶段为飞机轮载从非脱空区驶近脱空区；第二阶段为飞机轮载在第一块板（后板）脱空区驶向接缝；第三阶段为飞机轮载驶过接缝的缝隙；第四阶段为飞机轮载在第二块板（前板）的脱空区驶向非脱空区，第五阶段为飞机轮载驶入后板的非脱空区。

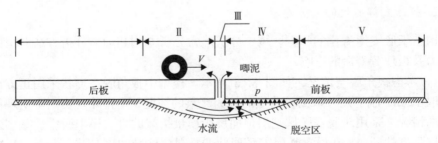

图 8.15　唧泥现象产生过程中水运行的过程划分

第一阶段（Ⅰ）：道面板在飞机轮载作用下产生微小振动，脱空区内的滞留水因而产生了往返运动，但其运动较弱。

第二阶段（Ⅱ）：当飞机轮载驶入脱空区之后，脱空区上方板的挠曲迅速增加，脱空区内的水受到板挠曲的压力增大，水的流动加剧；当飞机轮载抵达后板末端时，板的挠度最大，接缝处排出的水量也达到最大。

第三阶段（Ⅲ）：当飞机轮载驶离后板迅速反弹，脱空区呈负压吸水状态。该过程十分短暂，只有 10^{-4}s 数量级，但由于道面板的振动频率很高，其对后面的运动状态会有一定的影响。

第四阶段（Ⅳ）：后板做自由振动，前板在飞机轮载作用下做强迫振动，当脱空区较窄时，前板以向下挠曲为主，若脱空区较长，前板会上下振动。此时，脱空区水体间歇地受到板下挠曲的压力和板上翘的吸力作用做往返运动，从而反复地冲刷基层材料，微小颗粒从接缝缝隙排出。

第五阶段（Ⅴ）：当飞机轮载驶离前板脱空区后，前板的振动均转向自由振动，脱空区水体继续做往返运动。

在第二阶段末期，后板挠度达到最大，对水的压力也剧增，导致水流速度增大，对前板脱空区域内基层表面的冲刷作用增大，同时由于受前板底面反作用，水流方向逆转。进入第三阶段后，后板对水由压力变为吸力，与水流逆转作用叠加，导致水流带动前板基层冲刷得到的颗粒流向后板板底并冲出接缝产生唧泥现象。该过程长期反复作用最终导致"前空后淤"现象，即后板板底出现淤积而前板板底出现脱空。

因此，唧泥现象产生过程中荷载-道面-水-基层四相体之间交互影响的关键影响因素包括道面在荷载作用下产生的挠度 w_0、荷载行驶速度 v、挠度的变化率 dw/dt。其中，挠度 w_0 主要与道面板厚度及荷载大小有关，这个在静力学分析和动力学分析中相同。而荷载行驶速度 v 和挠度变化率 dw/dt 只与飞机动载有关，它们导致了动水压力的变化，产生并发展了唧泥型脱空。因此，静力学方法研究唧泥型脱空存在局限性，必须采用跑道动力学分析。

2. 板底支撑劣化的疲劳寿命

构造板底支撑劣化的脱空区域，分析静力分析方法和动力分析方法对道面荷载应力及板疲劳寿命的影响。

（1）考虑板角脱空情况，如图 8.16 所示。模型中板角脱空形状采用正方形，边长取 1.5m，脱空尺寸取的是典型的较为严重的情况，不排除现实当中出现更为严重的情况。采用对脱空区域基层顶面反应模量折减的方式模拟脱空后基层对面层支撑强度的削弱。在设置基层 K 值时将脱空对应区域的 K 值进行折减，折减系数与设计基层顶面反应模量的乘积即为脱空后的基层顶面反应模量。折减系数为 1.0 时，表示无脱空；折减系数为 0 时，表示完全脱空，基层与面层分离。本节中取的折减系数为 0.5。

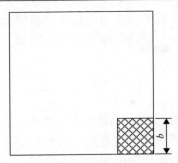

图 8.16　脱空区域形状示意图

(2) 板角脱空采用 4 块板 5m×5m 的模型，道面结构及模型参数见表 8.10，单元类型选取 C3D8I，单元尺寸取 0.1m。

表 8.10　跑道结构及模型参数

道面结构层	参数	数值
面层	板块数量/块	4
	尺寸/(m×m)	5.0×5.0
	弯拉强度/MPa	5.0
	弯拉弹性模量/MPa	36000
	泊松比	0.15
	厚度/cm	40
	阻尼比	0.05
地基	反应模量/(MN/m³)	80

(3) 飞机荷载采用 B737-800。动载采用滑跑产生的激振作用，平整度为 A 级（C=0.16，w=2.0），以敏感速度 40km/h 滑跑。

(4) 采用剩余累计作用次数 ΔN_e 表征疲劳寿命。我国民用机场水泥混凝土道面材料的疲劳方程为

$$N_e = 10^{(14.048-15.117\sigma_p/f_{cm})} \tag{8.14}$$

式中，N_e 为飞机的容许作用次数；f_{cm} 为材料设计弯拉强度，取 5.0MPa；σ_p 为计算应力。

结果表明，在静载作用下，计算得到脱空区域的最大主应力为 2.169MPa，最大挠度为 879.1μm，剩余累计作用次数为 1348079 次；在动载作用下，计算到脱空区域的最大主应力为 2.361MPa，最大挠度为 969.9μm，剩余作用次数为 1027550 次；疲劳寿命相对于静力分析而言降低了近 24%。动力作用会加速脱空的发展，

随着脱空量的加剧，混凝土板的疲劳寿命将进一步降低。由此可见，板底支撑不均匀时飞机荷载的动力作用会导致混凝土板发生断裂，这也是早期道面发生结构性损坏的主要原因之一。

8.4.2　道基支撑的非均匀

以半刚性基层沥青道面为例，半刚性基层具有一定的整体刚度，它对于路基顶面局部范围内的不协调变形适应能力差。当变形超过一定范围时基层底面与土基发生分离，道面结构在局部范围内完全失去支撑，脱空区域上方基层板体局部受力原理近似于简支梁(图8.17)，在道面自重及飞机荷载作用下基层底部会产生应力集中，导致基层疲劳开裂。基层一旦出现开裂，面层也容易出现损坏。

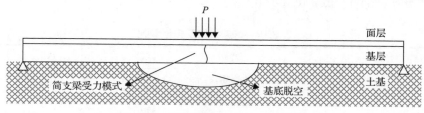

图 8.17　基层底面脱空状态受力模式

以一典型的半刚性基层沥青道面结构为研究对象，相应的参数按照表6.2进行取值。"盆状"不协调变形形态为：在道基的横断面方向，路基中心沉降量大，两侧沉降量较小(图8.18)。将道基顶面的不协调变形简化为一条正弦曲线[式(8.15)]，道基中心线处道基顶面的不协调变形量最大，边缘处不协调变形量为0。

$$y = -\delta \sin(\pi x / L) \tag{8.15}$$

式中，x 为单元格距离道路中心线的距离；y 为不同位置的差异沉降量；L 为变形宽度；坐标原点位于中心线处；δ 为不均匀沉降。

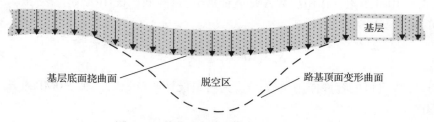

图 8.18　简化为正弦曲线的不协调变形

将脱空状态与接触状态下的基层弯拉应力之比定义为基层附加应力系数 α，通过对基层附加应力系数 α 的分析来评价不协调变形对基层应力的影响。本书主要探讨基层附加应力系数 α 随不均匀沉降 δ 的变化，L 取为20m，五块板的长度。

飞机荷载采用 B737-800，动载为滑跑产生的激振作用，平整度为 A 级（C=0.16，w=2.0），以敏感速度 40km/h 滑跑。

在静载作用和动载作用下，基层附加应力系数 α 随不均匀沉降 δ 的变化如图 8.19 所示。显然，随着不均匀沉降的增加，基层附加应力系数也在增加，这表明道基支撑越不均匀，对结构越不利。而在动载作用下，基层附加应力系数更大，这种不均匀效应更明显；相对静载作用，动载放大效应在 1.1 倍左右。

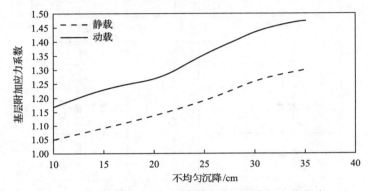

图 8.19　基层附加应力系数随不均匀沉降的变化曲线

8.4.3　多轮叠加的非均匀

刚性道面采用表 5.9 的结构组合和参数，选取道面板的中部、横缝边缘、纵缝边缘和板角这四种典型作用位置（图 8.20），通过有限元分析分别得到 B777-300ER 和 A380-800 飞机起落架中三轴双轮和单轮作用下的板底弯拉应力最大值。其中，单轮的参数与起落架中单轮相同，产生的最大值之间的比值见表 8.11 和表 8.12。这两种机型动载取平整度为 A 级（C=0.16，w=2.2），滑跑速度为 135km/h。

从表中数据可以看出，三轴双轮荷载作用下道面结构的最大板底弯拉应力大于单轮荷载作用下的弯拉应力，但不是线性关系（6 倍）。可见飞机相邻轮载之间产生了应力部分叠加，并且多轮叠加现象明显。

荷载作用位置不同对多轮叠加的响应程度也不相同，不同作用位置的叠加效应从大到小依次为 ㉓>㉑>⑬>⑪，荷载作用位置越靠近板中则叠加效应越大。对比两种飞机荷载的多轮与单轮板底弯拉应力比值，发现在同一道面结构、同一典型作用位置，B777-300ER 轮载的多轮叠加效应比 A380-800 的显著，这与两种机型的轮载大小和起落架轮距不同有关，轮载越重、起落架的轮距越小则叠加效果越明显。静载情况下其最小比值为 1.004，最大比值达到 1.484；动载情况下其最小比值为 1.062，最大比值为 1.604。由上述分析可见，这种多轮的叠加效应在动力作用下比静力作用更为显著。

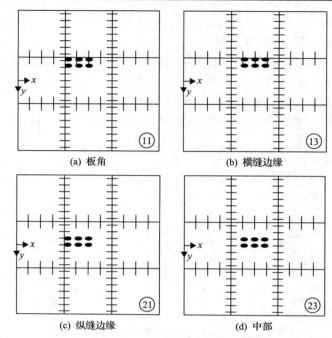

(a) 板角　　　　　　　　　　(b) 横缝边缘

(c) 纵缝边缘　　　　　　　　(d) 中部

图 8.20　飞机荷载典型作用位置简图

表 8.11　B777-300ER 三轴双轮起落架与单轮的力学响应量比值

作用位置	荷载类型	板底弯拉应力最大值/MPa		比值
		单轮	多轮	
⑪	静载	2.042	2.183	1.069
	动载	2.254	2.632	1.168
⑬	静载	2.121	2.394	1.129
	动载	2.299	2.793	1.215
㉑	静载	2.124	2.606	1.227
	动载	2.296	3.000	1.307
㉓	静载	1.701	2.524	1.484
	动载	1.803	2.892	1.604

表 8.12　A-380-800 三轴双轮起落架与单轮的力学响应量比值

作用位置	荷载类型	板底弯拉应力最大值/MPa		比值
		单轮	多轮	
⑪	静载	1.971	1.979	1.004
	动载	2.169	2.426	1.118

续表

| 作用位置 | 荷载类型 | 板底弯拉应力最大值/MPa | | 比值 |
		单轮	多轮	
⑬	静载	2.009	2.018	1.004
	动载	2.156	2.290	1.062
㉑	静载	2.042	2.309	1.131
	动载	2.202	2.628	1.193
㉓	静载	1.632	2.190	1.342
	动载	1.725	2.481	1.438

8.5　温度因素的分析

静力学中不关注跑道结构振型、主频等属性，但是在动力学中这些属性决定了飞机-道面相互作用的特性。温度引起结构模量参数的变化会直接导致跑道结构主频的改变。利用 8.2.2 节中的 9 块板模型，并添加温度场，温度模型参考经典水泥混凝土路面温度模型，如式(8.16)所示。

$$T = A_0 + A\mathrm{e}^{-\beta z} \sin(\omega t - \beta z) \tag{8.16}$$

式中，z 为距离水泥混凝土顶面的深度；ω 为圆频率；t 为一天的时刻，并令 $t=0$ 为上午 7 点；A_0 和 A 分别为当日基准温度和温度变化幅值，一年四季的参数取值见表 8.13。

表 8.13　不同季节下的参数取值

参数	冬季	春季	秋季	夏季
A_0/℃	9	19	29	39
A/℃	5	5.5	6	6

开展上述工况下的飞机冲击荷载滑跑仿真分析，提取距离板顶面 10cm 处竖向加速度响应的历时曲线，采用傅里叶变换获取频域下的振动特性，并重点关注频率峰值点。

1. 不同季节对比分析

按照表 8.13 设置不同季节的参数，并提取频谱分析后的主频与次主频，如图 8.21 所示。

可见，环境基准温度与频谱峰值对应的频率呈负相关关系，环境温度降低、峰值频率(包括结构主频)升高。频谱峰值温度对结构振动主频有一定影响，变化量约 2Hz 左右,因此感知元器件对频率捕捉的精度至少高于 1Hz。

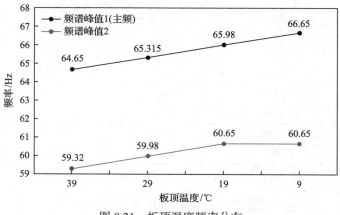

图 8.21　板顶温度频率分布

2. 实测数据分析

基于 7.3.3 节北京首都国际机场跑道协同预警平台,利用振动光纤现场实测振动数据,对 2020 年 12 月～2021 年 3 月和 2021 年 12 月 31 日的频谱图,提取频谱峰值对应的频率值。以图 8.22 为例,实际提取的即为图中圆点对应的 x 坐标。

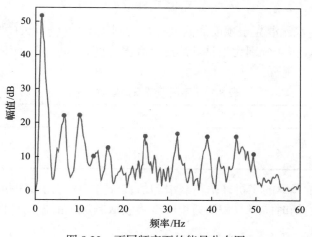

图 8.22　不同频率下的能量分布图

对 2021 年 2～3 月的数据进行汇总和聚类,得出其间前五阶频谱峰值频率的最大值、最小值与平均值,并将结果同 2021 年 12 月 31 日的数据进行对比,见表 8.14。

查找历史天气发现 2021 年 2～3 月的平均气温为 11℃,2021 年 12 月 31 日的平均气温是 1℃。可以看出,随着温度降低,各峰值频率都有所增加,且高阶峰值频率的增加更明显,这与有限元分析结果相吻合。

表 8.14　不同时间的频谱峰值对应的频率

2020-12～2021-3	频率/Hz				
	峰值 1	峰值 2	峰值 3	峰值 4	峰值 5
最大值	1.842	5.619	9.823	14.813	20.757
最小值	1.505	4.835	8.867	13.700	18.853
平均值	1.688	5.228	9.318	14.216	19.541
2021-12-31	1.832	5.725	10.129	15.173	20.909

8.6　机场跑道系统动力效应表达

随着分析的角度、场景和维度的不同，机场跑道系统动力学相对于传统静力学的动力效应是不同的。例如，改变飞机荷载、跑道结构，动力效应的结果存在差异。本书无法穷尽所有的因素，因而在动力学作用、参数、非线性因素、非均匀因素等方面选取了部分典型的场景进行分析与揭示，部分代表性工况总结见表 8.15。

表 8.15　典型场景下机场跑道系统动力效应表达

动力学影响因素		相对于静力分析的动力效应
动力学作用	激振作用	最大动载系数分布在 1.1～1.2
	冲击作用	幅值为 1.8 倍平均值的正弦型交变荷载
动力学参数	质量	质量是惯性力的核心组成，动力学对质量非常敏感，因此不同飞机动力学效应差异较大
	动态模量	动态模量对结构动力响应敏感，有必要准确获取跑道结构的动态模量
	阻尼系数	起落架阻尼影响比轮胎更显著； 地基阻尼减少板底弯拉应力 2.4%，疲劳寿命提高了 10%
非线性因素	考虑沥青混凝土材料非线性	面层内水平横向、纵向剪应变增加 30%～40%
	考虑土基及粒料非线性	动力作用下在道面表面弯沉和半刚性基层底部拉应力的非线性差异，分别为静态作用下的 3.30 倍和 2.26 倍
非均匀因素	面层-基层接触的非均匀	唧泥型脱空只能用动载作用分析，静载无法解释；板底疲劳寿命在动载作用下缩短 24%
	道基支撑不均匀	动载作用分析的差异是静载作用分析的 1.1 倍左右
	多轮叠加非均匀	静态分析最大比值为 1.484，动态分析最大比值为 1.604
环境因素	温度	随着温度降低，跑道结构各阶峰值频率有所增加；冬季和夏季造成主频相差约 2Hz

　　相较于静力结构、静载，动力结构和动载下道面各力学指标响应规律及峰值存在较大差别，机场跑道系统的动力效应显著。在这些动力学特征中，除阻尼系数使动力学分析结果更小之外，其他的特征都引起了动力学的放大效应。对于非线性、非均匀和温度环境因素，动力学分析结果比静力学分析结果更敏感。

　　传统静力学方法难以解释的跑道早期角隅断裂、断板等结构性损坏，在机场跑道系统动力学中则可以更好地理解。飞机荷载是独特的，它们在质量和平面尺寸上相差大，起落架构型复杂，具有加速、减速、着陆、冲击等复杂行为，并存在升力作用，这些特性与车辆差异非常明显。同时，材料、施工和环境因素导致跑道结构自身带有损伤和缺陷，如层间接触不均匀、道基支撑不均匀等，在特殊的飞机动载作用下，损坏模式和静力学条件存在巨大差异。因此，跑道系统动力学是更贴近实际客观情况的先进学术思想，传统静力学结论是它的一个特解。从表 8.15 可以得出，这种特解的条件是起落架构型简单、轴载较小、运行速度较低、道面较为平整、跑道结构完整、变形较小。全面揭示机场跑道系统动力学规律是发展机场跑道系统动力学理论的关键，本书的研究成果可应用于跑道结构设计、性能评价与养护决策中，在机场跑道的全寿命周期管理中发挥重要的科学指导作用。

参 考 文 献

[1] 刘东亮. 随机激励飞机荷载作用下道基空间变形特征[D]. 上海: 同济大学, 2021.

[2] Múčka P. Proposal of road unevenness classification based on road elevation spectrum parameters[J]. Journal of Testing and Evaluation, 2016, 44(2): 930-944.

[3] 中国民用航空局. CCAR-25-R4　运输类飞机适航标准[S]. 北京: 中国民航出版社, 2016.

[4] 刘诗福. 飞机滑跑随机振动动力学响应及跑道平整度评价[D]. 上海: 同济大学, 2019.

[5] 朱立国. 基于大型飞机虚拟样机的刚性道面动力行为模拟与表达[D]. 上海: 同济大学, 2017.

[6] Zhong X G, Zeng X, Rose J G. Shear modulus and damping ratio of rubber-modified asphalt mixes and unsaturated subgrade soils[J]. Journal of Materials in Civil Engineering, 2002, 14(6): 496-502.

第9章　机场跑道系统动力学的应用

机场跑道系统动力学的学术思想和基本原理贯穿于机场跑道设计、建造、运维全寿命周期，应用范围广泛，特别是在道基变形计算、跑道结构设计和性能评价中的应用，如随机激励下跑道道基空间变形预估与分析、刚性道面累积损伤计算与空间分布、跑道平整度评价、基于道面板振动的板底脱空评价以及基于邻板振动感知的接缝传荷能力评价等。

9.1　随机激励下道基空间变形

飞机在道面上的轮迹横向分布、起降点和起降距离分布、速度分布和道面不平整等对道基空间变形具有显著影响。本书综合考虑上述因素，将整个道面分块分层，对道面不同位置分别计算变形，构建随机激励下道基空间变形的计算方法，进而分析随机激励下道基空间变形特征。

9.1.1　随机激励下道基空间变形计算方法

1. 飞机多态地面运动行为简化

本书在匀变速运动[1,2]的假设下，采用总行驶距离与起终点速度计算飞机起降时沿跑道方向的速度分布。假定飞机的离地速度和落地速度均为 240km/h，降落过程中飞机减速到 60km/h 时开始匀速滑跑，直到进入快滑道。

2. 分块分层总和法

分块分层总和法基本原理为：在分层总和法的基础上，将道面按照一定间隔，横向和纵向上分为若干块；计算飞机在道面上每次的速度分布，计算飞机对每一块的应力；重复计算 n 次，得到道基每个点所受的力及作用频次；先求每块道基作用深度范围内各分层的永久变形，然后将亚层变形叠加得到该块的永久变形；最后计算每一块的永久变形[1]。

分块分层总和法基本假定为：路基总体的塑性累积变形为各分层路基塑性累积变形之和；路基只发生竖向变形，侧向没有发生变形；起飞时采用最大起飞质量，降落时为最大起飞质量的 0.8。

分块分层总和法计算流程如图 9.1 所示。具体步骤如下[1]。

(1)首先确定道面结构及其参数，包括面层、基层、垫层、道基的厚度与材料参数；确定道面的平整度，计算其 PSD 参数；确定飞机在道面上的分布情况；确定飞机的交通参数，即机型组合、作用次数、起降比、主次比等；确定道基土体的应变模型参数。

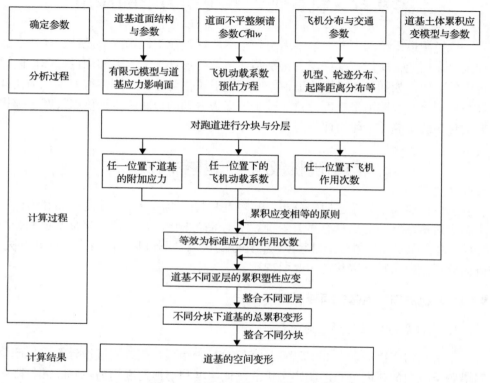

图 9.1　分块分层总和法计算流程[1]

（2）分块：将道面按照一定间隔分为一定数量的块；在横向上，根据实测不平整测线的间隔、飞机的轮迹宽度（不同机型下，双轮组每个轮宽为 0.28～0.33m，轮距为 0.86～1.4m），选取单条条带宽度为 1.0m，整个道面计算宽度根据横向分布选取 20.0m；纵向上，综合考虑计算精度和计算速度，选取块长为 10.0m；因此，3600m 的道面划分为 360×20 个 1m×10m 的块区，对于每个块区分别计算附加应力和动载引起的累积塑性应变。

（3）分层：根据有限元的网格划分取亚层厚度（压实加固层为 0.5m，下卧软弱层为 1.0m），将路基工作区划分为一定数量的亚层。

（4）对道面结构进行有限元建模，荷载采用所需机型最大起飞质量下的主起落架荷载，提取道基各应力分量的计算结果。

（5）根据有限元结果，计算不同机型在道基不同深度的影响面。

（6）根据飞机的横向分布、起降点和起降距离分布，采用随机的方式，确定单次起飞/降落的横向位置、起飞/降落点、起飞/降落距离，然后计算其速度分布与对应的动载系数。

（7）调用所需应力参数的影响面数据，计算得到该次飞机起飞/降落作用下，道基各个位置受到的力。

（8）回到步骤（6），循环 n 次，得到 n 次起降作用下，道基内所有点位受到的力与作用频次。

（9）将每个位置受到的力与频次代入等效累积塑性应变的作用次数等效模型，得到参考应力下的等效荷载作用次数，如式（9.1）所示。参考应力对最终计算结果没有影响，本书取 10kPa。

$$N = \sum_{i=1}^{n}\left[\left(\frac{q_{di}}{q_{d0}}\right)^{m/b} e^{\frac{d}{b}\left(\text{VCSR}\sqrt{1+4\eta_i^2} - \text{VCSR}\right)} N_i \right] \tag{9.1}$$

式中，q_{di} 为第 i 次计算的动偏应力；q_{d0} 为初始动偏应力；m、b 为材料参数；VCSR 为竖向循环应力比；η_i 为第 i 次的剪应力比；N 为等效荷载作用次数；N_i 为第 i 次计算的等效荷载作用次数。

将参考应力的作用次数代入累积塑性应变曲线拟合公式，计算该点位的累积塑性应变，如式（9.2）所示。

$$\varepsilon_p = \alpha\left(\frac{q_{do}}{q_f}\right)^m \left(1 + \frac{q_s}{q_f}\right)^n N^b \tag{9.2}$$

对于每个平面位置，将不同深度的应变与厚度相乘，得到动载引起的土基亚层塑性变形量，叠加得到 n 次起降导致的动载沉降，如式（9.3）所示[1]。

$$\delta_p^j(N) = \sum_{i=1}^{n}\left[\varepsilon_{pi}(N)h_i\right] \tag{9.3}$$

式中，$\delta_p^j(N)$ 为第 j 条带上轮载 p 重复作用 N 次时路基土总的永久变形，m；$\varepsilon_{pi}(N)$ 为第 i 亚层土的永久应变，%；n 为道基的亚层数；h_i 为第 i 亚层厚度，m。

9.1.2　随机激励下道基空间变形特征

采用 9.1.1 节中的构建方法，计算 B737、B757、B777 三种典型主起落架构型混合作用下的道基空间变形。参考杨斐对上海浦东国际机场一跑道的计算数据[3]：1999~2002 年累计起降架次为 21.2 万架，B737∶B757∶B777=55∶8∶37；其他参数采用起降比 1∶1，主次比 0.7；道面结构采用浦东三、五跑道的两端和中部结构，如图 9.2 所示，结构层参数参考规范与相关研究获得；跑道长 3600m，主次方向分别设置距跑道端头 2200m 的快滑道口，道面平整度采用实测平整度。

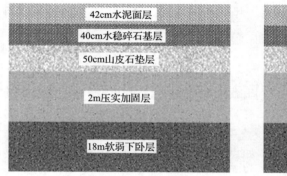 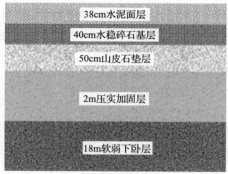

(a) 端部结构　　　　　　　　　　　　　　　　(b) 中部结构

图 9.2　典型道面结构

1. 道基顶面变形

道基顶面变形如图 9.3 所示。纵向上，跑道中部呈现出两边高中间低的特征；横向上，为峰值在 5.5m 左右的双峰曲线，说明 B777 对道基变形的贡献最大。道

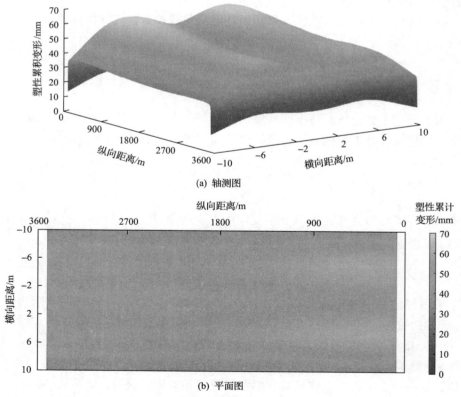

(a) 轴测图

(b) 平面图

图 9.3　道基顶面变形[1]

基最大变形量为 58.52mm，平均变形量为 44.96mm，与杨斐在相同机型组合、起降次数下计算得到的动载沉降量 45.3mm 相近[3]。

2. 道基分层变形

跑道中部和端部的横向道基分层变形曲线如图 9.4 所示，图中线型从上（道基变形为 0）到下（道基变形为 90mm）依次为 18mm，17mm，⋯，0。混合交通下的道基变形集中在软弱下卧层，占总变形的 95.5%。随着深度增加，道基变形横向曲线由双峰曲线逐渐变为平峰曲线，然后变为单峰曲线。在 20m 的深度范围内，

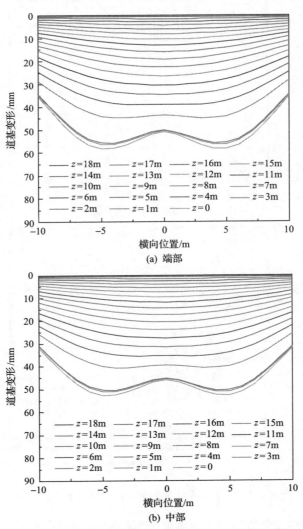

图 9.4　跑道中部和端部的横向道基分层变形曲线[1]

飞机动载均会造成一定的变形量。软弱下卧层顶面的亚层，即 2～3m 深度处，产生的最大变形量是所有分层中最大的，占总最大变形的 20.2%。

　　跑道主起落架作用位置和跑道中心线纵向道基分层变形曲线如图 9.5 所示。沿纵向的道基变形曲线，与上海浦东国际机场三跑道通航一年时的动载沉降曲线形状相似[4]。

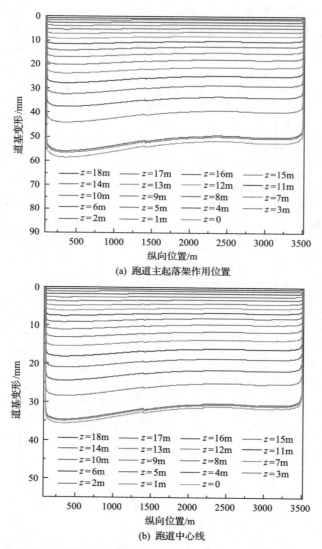

(a) 跑道主起落架作用位置

(b) 跑道中心线

图 9.5　跑道主起落架作用位置和跑道中心线纵向道基分层变形曲线[1]

　　在主起落架作用位置纵向上，跑道中部的变形由中间向两边增大。这是由于道基变形主要受起飞的影响，单侧起飞时道基变形为一侧向另一侧减小；当两侧均有飞机起飞时，中间变形最小；两端变形的差异主要由主次方向起飞架次不同造成。在跑道中心线的位置，道基变形远小于主起落架作用位置，其余特征与主起落架作用位置相近。

9.2　基于动力行为的刚性道面空间累积损伤

刚性道面的多轮叠加效应明显，在设计中应充分考虑基于动力行为的刚性道面空间累积损伤。新一代大型飞机易造成更大的道面响应，而水泥混凝土道面的疲劳寿命对弯拉应力非常敏感，因此即便在较少覆盖次数的情况下，新一代大型飞机也会导致道面寿命的大大缩短。鉴于许多机场的设计和建造都早于新一代大型飞机的投入运营，后续需要起降新一代大型飞机时，必须着重考虑新一代大型飞机带来的影响，以选取合理的道面补强措施。

9.2.1　基于动力作用下空间累积损伤的刚性道面设计原理

1. 累积损伤因子

传统的水泥道面结构设计方法中采用设计机型法，选择混合交通中某类机型作为设计机型，将其他机型的交通量通过轴载换算的方式等效到设计机型，再以 Westergaard 板边公式计算设计机型荷载作用下的板底弯拉应力，通过控制板底弯拉应力进行厚度设计。该方法主要存在两方面的问题：一方面设计机型不同得到的板厚度不同；另一方面，飞机起落架轴载换算经验公式误差很大，而且无法适应新型复杂起落架。因此，1995 年美国 FAA 针对 B-777 提出了 LEDFAA 设计方法，引入了累积损伤因子(cumulative damage factor，CDF)，取消设计机型概念，分别计算每种飞机对道面的损伤因子。Miner 定律的核心认为不同荷载对道面的疲劳损伤在时空上是可以线性叠加的，通过 Miner 线性叠加获得多机种对道面的累积损伤因子，根据 CDF 是否大于 1 进行厚度设计。CDF 表征的是在设计使用年限内飞机对道面的累积损伤程度，计算公式如式(9.4)所示。

$$\text{CDF} = \sum_{i=1}^{n} \text{CDF}_i = \sum \frac{n_{ei}}{N_{pi}} \tag{9.4}$$

式中，CDF_i 为各机型对道面的损伤因子；n_{ei} 为荷载作用次数；N_{pi} 为容许作用次数。

2. 累积损伤曲面

累积损伤表达的方式有很多种：可以是基于有限元计算结果的回归简式[5]，可以是一张可供直接查询的影响图，也可以是集成了有限元模型、疲劳方程和累积损伤计算思路的损伤曲面。回归简式的缺点在于一般只能分析特定情况下的损伤，不具有普适性；影响图的缺点在于不够精确。相比之下，损伤曲面的表达形式可以较好地弥补两者的缺陷。通过损伤曲面，可以直观地看出道面损伤的分布规律，确定道面损伤量最大的位置，为机场刚性道面设计与评价提供参考。在损伤曲面的基础上，依托计算机技术的发展，开发损伤自动计算软件，可以以较小的计算代价获得任意情况下一张相对精确的损伤曲面图。

　　为了计算道面板底每个分析节点的损伤，需要对道面进行条带划分。鉴于在进行有限元分析时，将道面划分为 0.1m 间隔的网格单元，为了便于分析，这里也以 0.1m 的间隔划分条带。确定主起落架中心沿该条带中心向前移动的过程中，对某一分析节点 x 造成的最大响应量(根据 x 点的应力影响面确定)，作为该条带计算对 x 点损伤的平均响应量。该处理方式可以适当放大损伤量，使设计结果具有一定的安全系数。结合该条带处轮迹作用的次数可以计算出每个条带对 x 点的损伤量。将所有条带进行叠加即为 x 点的总损伤量。损伤曲面算法示意图如图 9.6 所示。

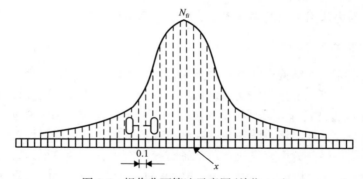

图 9.6　损伤曲面算法示意图(单位：m)

　　由于板底有 2601 个分析节点，若每个节点都进行损伤计算则需要对整个数据库进行遍历，十分费时费力。在计算过程中发现，中间板周围一圈(宽度约为 0.7m)的区域各点影响面的最大值均明显高于内侧的区域。由于疲劳方程是指数型函数，在内侧区域分析节点的应力影响面最大值明显小于周围一圈的分析节点的应力影响面最大值，即损伤相对较小，非道面结构设计的控制点可以忽略不计。因此，对外侧一圈的节点进行损伤计算即可，无须对所有节点进行损伤计算。图 9.7 为需要进行计算的节点示意图。

3. 结构响应影响面

　　刚性道面结构响应具有典型的非线性特征，而飞机多轮复杂起落架荷载进一步加剧了问题求解的难度。传统的弹性地基板理论或弹性层状体系理论仅能计算单轮荷载作用在固定荷位时的板块最大弯拉应力，且无法考虑接缝传荷能力的变化，目前设计方法中的处理方式为应力折减系数统一取 0.25；影响图法虽然可以计算多轮荷载作用下板中、板边或板角荷位的弯拉应力，但是计算过程烦琐，很容易引起人为误差，而且也无法考虑接缝传荷能力的变化。

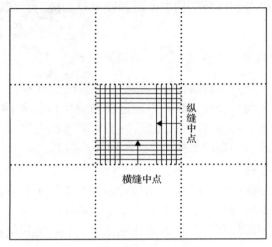

图 9.7　计算节点的筛选

　　对于动载作用下的道面累积损伤计算而言，在掌握荷载空间分布特征和作用频次的基础上，还需要构建道面任意位置板底弯拉应力的快速计算方法。

　　影响面作为一种计算图，为移动荷载作用下响应谱分析和临界荷位的确定提供了一种简便、可行的工具。该方法克服了商业有限元软件建模过程复杂、授权费用高昂的问题，可广泛应用于机场刚性道面的设计和评价。将影响线法 [图 9.8(a)] 在二维空间进行扩展，即为影响面 [图 9.8(b)]。如图 9.8(a) 所示，当一个作用力方向不变的单位力沿着一个空间结构移动时，结构中某一位置的某一量值随荷载作用位置而改变，表示此变化规律的函数图形称为该量值的影响面。

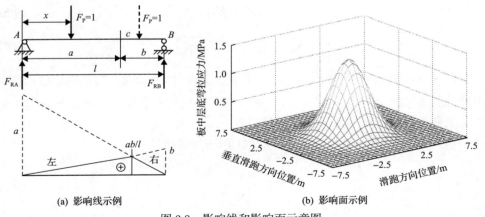

(a) 影响线示例　　　　　　　　(b) 影响面示例

图 9.8　影响线和影响面示意图

　　根据影响面的定义，计算某一力学影响面最简单的方法是求单位荷载依次作用在所有可能作用点处，这样得到的是该力学量离散的影响面坐标值。在点与点之间进行插值，可以得到道面结构中所有板底节点的应力，从而得到一个离散的近似影响面。

4. 基于道面空间累积损伤的刚性道面设计流程

　　动载作用下道面空间累积损伤是机场刚性道面的设计核心，可用于基于力学-经验法的道面结构分幅、分段设计。以轮迹横向偏移和影响面的研究为依托，分别计算每种机型对道面的损伤因子，然后按照疲劳累积损伤 Miner 定律通过线性叠加获得各机型对道面的累积损伤因子，绘制损伤曲线，根据 CDF 是否大于 1 进行厚度设计，具体过程如下。

　　(1) 沿跑道纵向选取计算断面，分别统计不同方向起飞和降落的飞机通过该断面的次数，并明确不同跑道平整度状况下的动载系数。

　　(2) 针对不同起落架，计算分析节点在左侧机轮和右侧机轮作用下的临界应力 σ_{pl} 和 σ_{pr}，代入疲劳方程计算得到单一起落架作用下的容许作用次数 N_{pl}^i 和 N_{pr}^i。对于降落飞机，考虑纵向刹车荷载的影响，临界应力乘以 1.2 的安全系数。

　　依据对称性，仅需计算单块板的 1/4 区域。然而，在分析节点较多时，计算效率低、耗时久，因此针对常用民航机型可建立所需分析节点的临界应力基础数据库，计算时仅需选择对应起落架类型并对道面结构参数进行差值计算。

　　(3) 针对跑道中心线一侧的两块板进行损伤计算，左右两侧机轮覆盖次数的计算分别如式(9.5)和式(9.6)所示。多轴式起落架在一次行驶过程中造成的多峰值效应用纵向覆盖率来表征，具体取值可参照 FAA 的经验，无须单独考虑起落架轮距的影响。

$$N_{el}^i = N_{si}P_l^i = kN_{si}w_tC_l^i \tag{9.5}$$

$$N_{er}^i = N_{si}P_r^i = kN_{si}w_tC_r^i \tag{9.6}$$

式中，N_{si} 为某机型设计年限内的通行次数；P_l^i、P_r^i 分别为左右机轮轮迹带宽度内的分布概率；w_t 为轮印宽度，m；C_l^i、C_r^i 分别为左右机轮中心沿分析节点驶过时的概率密度，m^{-1}；k 为纵向覆盖系数。

　　(4) 单一起落架对分析节点造成的损伤按式(9.7)计算。

$$CDF_i = \frac{N_{el}^i}{N_{pl}^i} + \frac{N_{er}^i}{N_{pr}^i} \tag{9.7}$$

(5) 考虑混合交通作用，各机型起落架对分析节点造成的累积损伤量按式 (9.8) 计算。

$$\text{CDF} = \sum \text{CDF}_i = \sum_{i=1}^{n}\left(\frac{N_{\text{el}}^{i}}{N_{\text{pl}}^{i}} + \frac{N_{\text{er}}^{i}}{N_{\text{pr}}^{i}} \right) \tag{9.8}$$

(6) 分别计算不同跑道断面所需分析节点的损伤，并绘制累积损伤曲面。实践表明，几乎所有荷载造成的板中裂缝均是从板边开始并向板中发展的[6]，目前几乎所有的设计方法都采用板边应力进行设计。故仅针对横缝和纵缝 0.5m 范围内的分析节点进行损伤计算，进而减少计算工作量。

9.2.2　累积损伤横向分布

本书选用 A320、A330 和 A380 三种机型，轮迹横向分布分别参照 FAA 的规定和国内实测结果，分析范围为跑道中心线两侧四块板[5]。假定在跑道设计或评价期内 A320、A330 和 A380 的起降架次分别为 100000、20000、5000，即小型飞机、中型飞机和大型飞机的比例为 20：4：1，计算期内起飞和降落的飞机比例为 1：1，降落飞机质量取起飞飞机质量的 65%，不区分主方向和次方向。疲劳方程参照我国《民用机场水泥混凝土道面设计规范》(MH/T 5004—2010) 中的相关规定。

以 A380 为例，起飞和降落荷载分别作用下的道面累积损伤曲面如图 9.9 所示，

图 9.9　A380 作用下的道面累积损伤曲面[5]

其中轮迹横向分布规律参照 FAA 规定,不考虑起飞和降落飞机轮迹横向偏移规律的差异。分析图 9.9 得出的主要结论如下。

(1)A380 机腹主起落架造成的损伤主要集中在跑道中心线两侧第一块板,且损伤主要发生在横缝处;机翼主起落架造成的损伤主要集中在跑道中心线两侧第二块板,且损伤主要发生在纵缝处。造成上述现象的主要原因是机翼主起落架横向轮迹主要分布在第一块板和第二快板之间的纵缝附近,而机腹起落架横向轮迹主要分布在第一块板的板中附近。

(2)从量值来看,跑道中心线一侧第一块板损伤显著大于跑道中心线一侧第二块板,第一块板 CDF 的峰值是第二块板的 7 倍左右。

(3)即使在考虑纵向刹车荷载对板底弯拉应力影响的情况下,降落飞机对道面板造成的损伤依然很小(小于 1%),因此,可以忽略降落飞机引起的损伤对最终 CDF 的影响。实际上降落飞机轮迹横向分布的标准差更大,即荷载作用更为分散,其对道面造成的损伤比图中计算结果要小。

9.2.3　累积损伤纵向分布

进一步假定跑道主方向和次方向的起降比例分别为 7 : 3,跑道总长度为 3800m,南向北为主起飞方向,由南向北每 200m 取一个断面,共计 20 个断面。不考虑降落飞机带来的影响,动载系数按 8.1.1 节方法确定,轮迹横向分布规律分别参照 FAA 规定和实测结果。

忽略降落飞机的影响,A320、A330、A380 三种机型分别作用下道面累积损伤的纵向分布曲线如图 9.10～图 9.12 所示。由图可知,道面累积损伤的峰值均出现在距主方向端部 400m 以内,而非跑道中段荷载重复作用区域,设计规范中建议跑道中段可以适当减薄是合理的,但采用总起飞次数进行道面厚度设计偏于保守;道面累积损伤的计算结果对动载系数特别敏感,飞机在不平整跑道上滑跑时

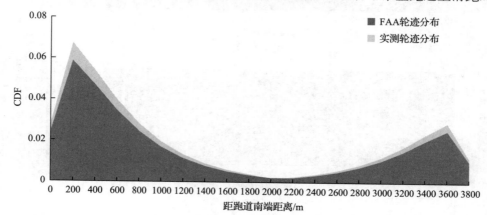

图 9.10　A320 作用下的道面累积损伤纵向分布曲线[5]

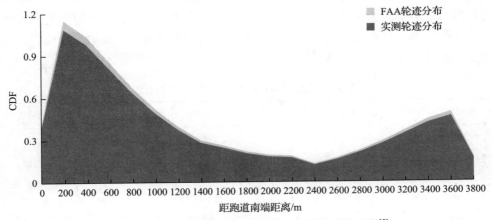

图 9.11　A330 作用下的道面累积损伤纵向分布曲线[5]

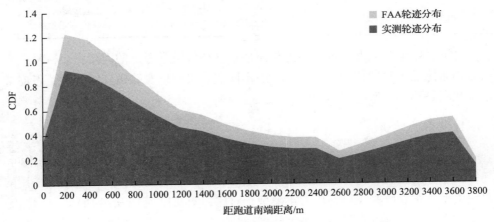

图 9.12　A380 作用下的道面累积损伤纵向分布曲线[5]

动载系数增大 5%，道面累积损伤增大 2 倍以上，因此设计中必须要考虑飞机滑跑过程中的动载系数；A320 作用下，按照 FAA 轮迹横向分布计算获得的结果小于按照实测值计算获得的结果，但 A330 和 A380 作用下恰好相反，这主要是由于飞机跑道实测结果的统计均值为−0.34m，导致跑道中心线一侧纵缝处所受荷载作用频次增多；从损伤量级上看，本节机型组合条件下，A330 和 A380 对道面造成的损伤峰值接近且 A380 略大，但 A320 较 A330 和 A380 对道面造成的损伤显著减小。

9.3　考虑飞机空间振动的跑道平整度评价方法

9.3.1　跑道平整度评价模型

科学合理的平整度评价模型需要刻画断面不平整起伏情况，同时还要充分考虑铺面与载运工具的动力学相互作用特性。因此跑道平整度评价模型要充分考虑不同典型机型以最不利速度在跑道全断面滑跑的动力学反应。跑道与经典的路面平整度特征、评价模型等情况的对比见表 9.1[6]。

表 9.1　路面与跑道平整度特征及评价模型

路面平整度特征	路面平整度评价模型	跑道平整度特征	跑道平整度评价模型
车辆轮距较窄	简化成 1/4 车模型	飞机轮距宽	整机力学模型
服务对象为小汽车、差异性不大	统一的模型力学参数	服务对象为各类机型，差异大	考虑不同典型机型模型力学参数
车辆代表速度	行驶速度统一为 80km/h	飞机最不利速度	敏感速度和起飞速度
重点考虑纵断面起伏	针对单条测线评价	考虑全断面起伏状况	跑道三维特性、横向偏移位置
重点关心乘客舒适性	只考虑簧载质量的竖向振动	同时关心起落架疲劳寿命、驾驶员操作读数、乘客舒适性	综合考虑起落架动载系数、机身和驾驶舱加速度

可见，跑道平整度评价模型比路面平整度评价模型考虑的因素更多，最核心的区别是跑道平整度评价模型需要考虑不同代表机型以及跑道三维特性，考虑最不利状况是建立模型的基本原则。

1. 整机力学模型

跑道不平整的三维特性不能忽略，飞机各起落架受到跑道不平整的激励不同，导致飞机产生竖向、俯仰和侧倾运动。因此，在力学模型上摒弃原有路面采用的单轮模型，重点研究飞机整机力学模型，对比如图 9.13 与图 9.14 所示。

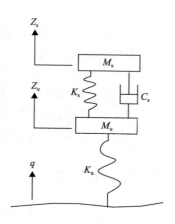

图 9.13　原有的 1/4 车模型[6]

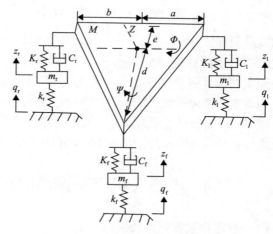

图 9.14　整机力学模型[6]

将单轮模型的二自由度升级为整机模型的六自由度后，整机力学模型需要六个微分方程来表征运动状态。

以飞机平衡位置为坐标原点，在不平整道面的激励下簧载质量 M_p 的竖向振动平衡方程如式(9.9)所示[7,8]：

$$M_p Z + C_f(\dot{Z} + d\dot{\Phi} - \dot{z}_f) + K_f(Z + d\Phi - z_f) + C_r(\dot{Z} - e\dot{\Phi} + b\dot{\Psi} - \dot{z}_r)$$
$$+ K_r(Z - e\Phi + b\Psi - z_r) + C_l(\dot{Z} - e\dot{\Phi} - a\dot{\Psi} - \dot{z}_l) + K_l(Z - e\Phi - a\Psi - z_l) = 0 \tag{9.9}$$

簧载质量 M_p 的俯仰转动平衡方程如式(9.10)所示：

$$I_x\ddot{\Phi} + C_f(\dot{Z} + d\dot{\Phi} - \dot{z}_f)d + K_f(Z + d\Phi - z_f)d - C_r(\dot{Z} - e\dot{\Phi} + b\dot{\Psi} - \dot{z}_r)e$$
$$- K_r(Z - e\Phi + b\Psi - z_r)e - C_l(\dot{Z} - e\dot{\Phi} - a\dot{\Psi} - \dot{z}_l)e - K_l(Z - e\Phi - a\Psi - z_l)e \tag{9.10}$$
$$= 0$$

簧载质量 M_p 的侧倾转动平衡方程如式(9.11)所示：

$$I_y\ddot{\Psi} + C_r(\dot{Z} - e\dot{\Phi} + b\dot{\Psi} - \dot{z}_r)b + K_r(Z - e\Phi + b\Psi - z_r)b$$
$$- C_l(\dot{Z} - e\dot{\Phi} - a\dot{\Psi} - \dot{z}_l)a - K_l(Z - e\Phi - a\Psi - z_l)e = 0 \tag{9.11}$$

而前、左后、右后起落架的非簧载质量在竖直方向的平衡方程如式(9.12)~式(9.14)所示：

$$m_f\ddot{z}_f - C_f(\dot{Z} + d\dot{\Phi} - \dot{z}_f) - K_f(Z + d\Phi - z_f) + k_f z_f - k_f q_f = 0 \tag{9.12}$$

$$m_l\ddot{z}_l - C_l(\dot{Z} - e\dot{\Phi} - a\dot{\Psi} - \dot{z}_l) - K_l(Z - e\Phi - a\Psi - z_l) + k_l z_l - k_l q_l = 0 \tag{9.13}$$

$$m_r\ddot{z}_r - C_r(\dot{Z} - e\dot{\Phi} + b\dot{\Psi} - \dot{z}_r) - K_r(Z - e\Phi + b\Psi - z_r) + k_r z_r - k_r q_r = 0 \tag{9.14}$$

式中，M_p 为飞机模型的簧载质量；m_f、m_l、m_r 分别为前、左后、右后起落架非簧载质量；K_f、K_l、K_r 分别为前、左后、右后起落架簧载质量的刚度系数；C_f、C_l、C_r 分别为前、左后、右后起落架簧载质量的阻尼系数；k_f、k_l、k_r 分别为前、左后、右后起落架非簧载质量的刚度系数；q_f、q_l、q_r 分别为前、左后、右后起落架非簧载质量受到的不平整道面激励；Z 为飞机簧载质量的竖向位移；z_f、z_l、z_r 分别为前、左后、右后起落架非簧载质量的竖向位移；I_x、I_y 分别为飞机模型绕 x 轴、y 轴的转动惯量；d、e 分别为前后起落架到 x 轴的垂直距离；a、b 分别为左后、右后起落架到 y 轴的垂直距离；Φ、Ψ 分别为簧载质量的俯仰转动位移和侧倾转动位移。

2. 最不利速度

飞机滑跑速度从 0 至起飞离地时的速度范围内，最不利速度是指飞机产生的振动响应最大时的速度。根据建立评价模型的基本原则，利用飞机最不利速度作为平整度评价的代表速度是合理的。

每一种代表机型滑跑的最不利速度有两个：一个是针对飞机机身振动加速度响应，对应的最不利速度是飞机起飞速度；另一个是针对起落架动载系数，对应的是敏感速度。四种代表机型 B737、B757、B777、B787 的最不利速度见表 9.2。

表 9.2   代表机型的最不利速度

机型	最不利速度/(km/h)	
	敏感速度 v_1	起飞速度 v_2
B737	60	260
B757	80	328
B777	100	330
B787	90	348

9.3.2　跑道平整度评价指标

与路面平整度只考虑乘客舒适性不同，跑道平整度同时关心起落架疲劳寿命、驾驶员操作方便性和乘客舒适性。因此，在典型机型以最不利速度在跑道全断面滑跑的动力学反应中，应同时收集 5 个振动响应量：机身重心处竖向加速度 CGA、驾驶舱竖向加速度 PSA、左主起落架动载系数 MGL_l、右主起落架动载系数 MGL_r 和前起落架动载系数 NGL。相应的计算公式如式(9.15)～式(9.19)所示。

$$CGA = |\ddot{Z}| \tag{9.15}$$

$$PSA = |\ddot{Z} + d\ddot{\Phi}| \tag{9.16}$$

$$MGL_l = \frac{(z_1 - q_1)k_1}{9.8\left[\dfrac{d}{2(d+e)}M_p + m_1\right]} + 1 - \left(\frac{v_1}{v_2}\right)^2 \tag{9.17}$$

$$MGL_r = \frac{(z_r - q_r)k_r}{9.8\left[\dfrac{d}{2(d+e)}M_p + m_r\right]} + 1 - \left(\frac{v_1}{v_2}\right)^2 \tag{9.18}$$

$$NGL = \frac{(z_f - q_f)k_f}{9.8\left[\dfrac{d}{2(d+e)}M_p + m_f\right]} + 1 - \left(\frac{v_1}{v_2}\right)^2 \tag{9.19}$$

跑道平整度评价指标应综合反映 5 个振动响应量的变化，消除不同量纲影响，本书提出的跑道平整度评价指标(airport runway roughness index，ARRI)定义为：跑道纵向单位距离内，典型机型在最不利激励波段、最不利滑跑速度、最不利横向偏移位置下振动响应量的归一化加权平均值。计算公式如式(9.20)所示。

$$ARRI = a_1\frac{CGA}{CGA_0} + a_2\frac{PSA}{PSA_0} + a_3\frac{MGL_1}{MGL_0} + a_4\frac{MGL_r}{MGL_0} + a_5\frac{NGL}{NGL_0} \tag{9.20}$$

式中，a_1、a_2、a_3、a_4、a_5 分别为飞机滑跑过程中乘客舒适性、驾驶员操作的不利、左主起落架动载系数、右主起落架动载系数、前起落架动载系数的权重，分别取 0.15、0.35、0.2、0.2、0.1；CGA_0、PSA_0、MGL_0、NGL_0 分别表示飞机滑跑过程中飞机重心处竖向加速度、驾驶舱竖向加速度、主起落架动载系数、前起落架动载系数的控制阈值，分别取为 $3m/s^2$、$2.73m/s^2$、1.15、1.3。

9.4　基于刚性道面板振动的板底脱空评价

在刚性道面板内布设振动光纤，基于道面板的振动感知是有效的板底脱空判定方法。这种方法的原理在于脱空会导致铺面结构的支承条件发生改变，从而导致结构的模态参数产生变化。通过对结构模态参数的测试和解析可评价板底脱空状况。

采用分布式振动光纤判断道面板底脱空情况前，需要判断飞机行驶位置，排除飞机本身振型影响，获得板自由振动区域。从分布式光纤的去噪振动信号中获得的短时过零率可作为空间域的特征。将分布式光纤监测节点的短时过零率组合为过零率的分布，根据过零率分布的峰值，提取经过轮胎下方的分布式光纤节点。在分布式振动光纤感知系统安装之前，每个节点的位置都是已知的，可根据已提取节点的位置来估计轮胎的位置。飞机的起落架一般是对称的，起落架的大小与飞机的类别相对应，且前起落架通常比主起落架轻得多。因此，主起落架引起的振动过零率分布比前起落架引起的振动过零率分布更显著，对位置估计的差异和误差更小。

采用加权频率表征频谱在某一频段内的分布形态，其定义如式(9.21)所示。

$$f_{w} = \frac{\int_{f_t}^{f_k} S(f) f \mathrm{d}f}{\int_{f_t}^{f_k} S(f) \mathrm{d}f} \tag{9.21}$$

式中，$S(f)$ 为频率 f 对应的幅值；f_k 为该频段的上限；f_t 为该频段的下限。

依托同济大学民航重点实验室的道面板足尺试验，验证频段 20～150Hz 上的加权频率对脱空具有较高的敏感性，加权频率变化量 Δf_{wi}[式 (9.22)]可作为监测指标以表征脱空状况，如图 9.15 和图 9.16 所示。在此基础上，提出基于振动感知的道面板脱空识别方法：利用振动感知系统采集铺面板各区域的振动特性，通过频谱分析技术提取 20～150Hz 频段的加权频率，以加权频率变化量（Δf_w）为监测指标，判定该区域的脱空状况。

$$\Delta f_{wi} = f_{wi} - f_{w0} \tag{9.22}$$

式中，Δf_{wi} 为工况 i 的加权频率变化量；f_{wi} 为工况 i 的加权频率；f_{w0} 为无脱空时的加权频率（道面新建完成时的加权频率）。

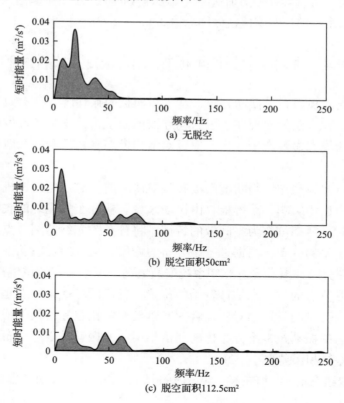

(a) 无脱空

(b) 脱空面积50cm²

(c) 脱空面积112.5cm²

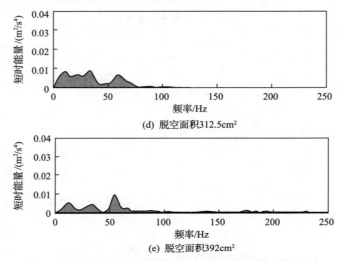

图 9.15　室内足尺试验验证不同脱空面积下的频谱特征

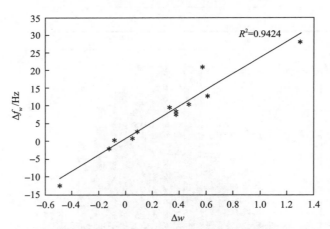

图 9.16　弯沉比变化量 Δw 与加权频率变化量 Δf_w 的关系

《民用机场道面评价管理技术规范》(MH/T 5024—2019)中规定测点弯沉比越大,该处存在脱空的可能性越大;弯沉比达到 3 以上,可判定该处存在脱空。北京首都国际机场跑道协同预警平台中采集到 2020 年 11 月~2021 年 3 月共15200 多条飞机经过时的道面振动数据,包含 11 类飞机,有效数据占比 98%,见表 9.3。

因为 B737-800 主轴距为 7.01m,小于监控断面宽度(10m),且 B737-800 的数量最多,所以选择 B737-800 作为评价系统定位精度的对象。结果表明:①定位误差多为 0.1~0.8m;②最大定位误差为 1.4m;③定位误差总体平均值为 0.3670m。定位误差分布如图 9.17 所示。该系统具有较好的定位精度。

表 9.3　采集数据统计表

序号	飞机类型	飞机数量
0	ARJ21-700	3
1	A320-200	900
2	A321-200	1500
3	B737-800	6397
4	B737-800WL	400
5	B737-700	100
6	A330-200	120
7	A330-300	2300
8	B777-300	700
9	B787-8	500
10	B787-9	1300
总计		14200

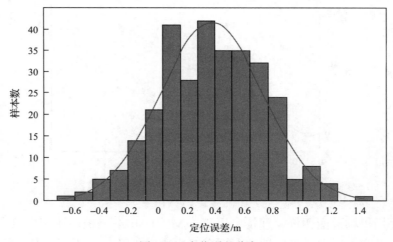

图 9.17　定位误差分布

　　使用 2020 年 12 月 20 日、2021 年 2 月 20 日 2 天的振动信号数据，其中测点位于四块板的 16 个板角、8 个板边、4 个板中，共计 28 个测点，位置如图 9.18 所示，各测点 2 天所测特征频率见表 9.4。其中，f_1、f_2 分别为 2020 年 12 月 20 日、2021 年 2 月 20 日所测加权频率。依据图 9.16 及弯沉比判断脱空的阈值。经计算，加权频率变化量不满足脱空条件，因此可判断该监测道面区域处于未脱空状态。

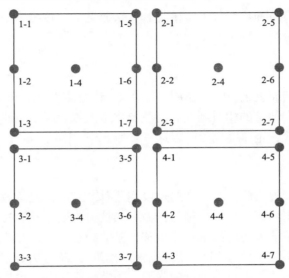

图 9.18　测点位置

表 9.4　各测点两次日期所测特征频率

测点	加权频率			测点	加权频率		
	f_1/Hz	f_2/Hz	Δf_w/Hz		f_1/Hz	f_2/Hz	Δf_w/Hz
1-1	46.622	43.330	−3.292	3-1	46.621	54.330	7.709
1-2	47.828	48.236	0.408	3-2	60.744	48.136	−12.608
1-3	51.331	50.143	−1.188	3-3	52.230	50.093	−2.137
1-4	52.257	51.382	−0.875	3-4	42.352	50.786	8.434
1-5	50.132	52.211	2.079	3-5	53.083	53.465	0.382
1-6	39.888	45.771	5.883	3-6	42.426	51.784	9.358
1-7	53.112	57.378	4.266	3-7	56.418	57.087	0.669
2-1	37.524	40.122	2.598	4-1	47.514	75.725	28.211
2-2	44.132	50.330	6.198	4-2	49.934	52.726	2.792
2-3	49.360	42.222	−7.138	4-3	45.261	66.102	20.841
2-4	46.761	53.231	6.470	4-4	41.082	51.881	10.799
2-5	47.210	55.107	7.897	4-5	38.233	50.949	12.716
2-6	52.998	51.201	−1.797	4-6	40.172	52.111	11.939
2-7	40.211	51.760	11.549	4-7	32.230	30.654	−1.576

9.5　基于邻板振动感知的接缝传荷能力评价

接缝是机场水泥混凝土道面较为薄弱的部位，接缝的传荷能力对于道面结构设计、结构性能评价和接缝病害防治都具有重要意义。按接缝构造类型的不同，接缝传荷能力可分为两种主要类型。

1. 集料嵌锁

依靠接缝断裂面上集料啮合作用传递剪力。传荷能力取决于接缝缝隙的宽度、集料的形状、板和地基的相对刚度、荷载及作用次数等因素。属于这类接缝的有不设传力杆的缩缝，企口缝也可归入这一类型。

2. 传力杆

依靠埋设在接缝两侧混凝土内的短段钢筋（传力杆）传递剪力以及少量弯矩和扭矩。传荷作用由两部分组成：传力杆截面的抗剪刚度以及混凝土对传力杆的承压刚度。影响其传荷能力的因素，除板和地基的相对刚度以及缝隙宽度之外，还有传力杆的有关参数（直径、间距、长度、弹性模量等）及施工（传力杆埋设质量等）因素。属于此类的接缝有设传力杆的胀缝、缩缝和施工缝。设拉杆的接缝也可归入这一类型，只是其剪切传递作用很微弱。

接缝的传荷能力可以采用量测接缝两侧板（邻板）边缘的荷载、应力或挠度的方法得到相应的数值后，用不同的传递系数表征，图 9.19 是飞机轮载作用在接缝边缘时道面结构的受力情况。

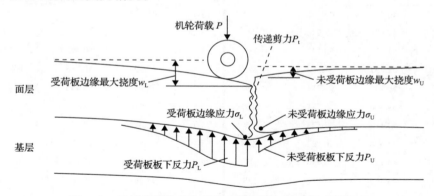

图 9.19　飞机轮载作用在接缝边缘时道面结构的力学响应

以挠度表征传荷系数 LTE_δ 的计算公式为

$$LTE_\delta = \frac{w_U}{w_L} \times 100\% \tag{9.23}$$

式中，w_L 为受荷板边缘的最大挠度；w_U 为未受荷板边缘的最大挠度。

传统评价接缝传荷能力是采用 FWD 设备检测邻板的弯沉。本书提出基于加速度计感知邻板振动，并通过振动信号的解析实现接缝传荷能力的评价。在剖面上，加速度计布设的位置如图 9.20 所示。飞机动载作用下，为确保加速度计可感知道面板的振动，同时也考虑到加速度计不裸露于道面表面，将加速度计布设在距离顶面 2cm 的位置。在平面上加速度计位于代表机型的主轮迹上，当飞机动载经过时，可激发加速度计的动力响应(图 9.21)。

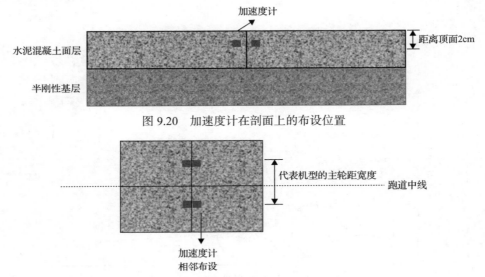

图 9.20 加速度计在剖面上的布设位置

图 9.21 加速度计在平面上的布设位置

传感器采用钢筋支架的形式进行固定(图 9.22)，邻板的两个传感器采用光纤光栅解调仪实施时钟同步解调，避免延时情况。在光纤光栅解调仪中对加速度信号进行两次积分，可实现动载作用下板边振动位移的监测。

图 9.22 传感器固定方式

计算 LTE_δ 步骤为：如图 9.23 所示，寻找接缝左边道面板的振动位移最大值 $\max(l_1)$，记录此时的时刻 t_1，此时接缝右边板的振动位移为 $l_2(t_1)$；片刻后，飞机轮胎从左边板行驶至右边板，右边板振动位移将达到最大值 $\max(l_2)$，记录当前时刻 t_2，此时接缝左边板的振动位移为 $l_1(t_2)$。那么接缝挠度传荷系数通过式（9.24）计算：

$$\text{LTE}_\delta = \left[\frac{l_2(t_1)}{\max(l_1)} + \frac{l_1(t_2)}{\max(l_2)} \right] \times 50\% \tag{9.24}$$

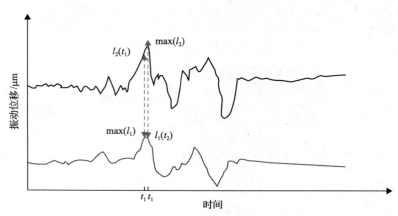

图 9.23　LTE_δ 的计算图示

按照《民用机场道面评价管理技术规范》（MH/T 5024—2019），评价标准应按表 9.5 执行。因此，基于邻板振动感知的方法可直接利用真实的动态飞机荷载，实时感知接缝传荷能力并评价其所处的标准等级。

表 9.5　接缝传荷能力分级标准（LTE_δ 标准）

评定等级	好	中	次	差
LTE_δ/%	>80	80~56	55~31	<31

参 考 文 献

[1] 刘东亮. 随机激励飞机荷载作用下道基空间变形特征[D]. 上海: 同济大学,2021.

[2] Kim B J, Trani A A, Gu X L, et al. Computer simulation model for airplane landing- performance prediction[J]. Transportation Research Record, 1996, 1562(1): 53-62.

[3] 杨斐. 场道地基沉降分析与地基处理效果评价[D]. 上海: 同济大学, 2008.

[4] 韩黎明, 魏戈锋. 上海机场软土地基处理方法及沉降控制标准研究[R]. 北京: 北京中企卓创科技发展有限公司, 2010.

[5] 朱立国. 基于大型飞机虚拟样机的刚性道面动力行为模拟与表达[D]. 上海: 同济大学, 2017.

[6] 刘诗福. 飞机滑跑随机振动动力学响应及跑道平整度评价[D]. 上海: 同济大学, 2019.

[7] 凌建明, 刘诗福, 袁捷, 等. 不平整激励下机场道面和公路路面平整度评价综合分析[J]. 同济大学学报(自然科学版), 2017, 45(4): 519-526.

[8] Gerardi T. The impact of runway roughness during a high speed aborted takeoff[C]//2007 Worldwide Airport Technology Transfer Conference, Federal Aviation Administration American Association of Airport Executives, Atlantic City, 2007.

后　记

　　与传统静力学不同，机场跑道系统动力学将跑道、飞机和环境视为整体大系统，综合考察各子系统的动力特性和动力相互作用，从而解决静力分析与动载作用不匹配、无法适应飞机-跑道作用的随机性和瞬态性等问题。本书形成了较为完整的机场跑道系统动力学理论构架、基本原理、分析方法、测试技术、行为表达和实践应用，相关成果改进了跑道力学分析、结构设计和性能评价方法，指导了在线感知传感器的研发，推动了智能跑道技术的快速发展，为机场跑道全寿命周期运行保障提供了理论支撑。

　　与此同时，机场跑道系统动力学是一个全新的理论，内涵需要进一步丰富，方法可以进一步优化。温度、湿度等环境因素对跑道动力行为的非线性效应、地震作用下跑道结构的动力响应、复合道面的层间动力特性、跑道性能评价中的动力反分析等内容的研究都有待深化和完善。